# 碳纤维及其聚合物基复合材料界面性能

谢久明 著



中国原子能出版社

**图书在版编目（CIP）数据**

碳纤维及其聚合物基复合材料界面性能 / 谢久明著
. --北京：中国原子能出版社，2024.3
ISBN 978-7-5221-3287-7

Ⅰ. ①碳… Ⅱ. ①谢… Ⅲ. ①碳纤维增强复合材料
Ⅳ. ①TB334

中国国家版本馆 CIP 数据核字（2023）第 255311 号

**碳纤维及其聚合物基复合材料界面性能**

| | |
|---|---|
| **出版发行** | 中国原子能出版社（北京市海淀区阜成路 43 号　100048） |
| **责任编辑** | 张　磊 |
| **责任校对** | 冯莲凤 |
| **责任印制** | 赵　明 |
| **印　　刷** | 北京九州迅驰传媒文化有限公司 |
| **经　　销** | 全国新华书店 |
| **开　　本** | 787 mm×1092 mm　1/16 |
| **印　　张** | 11.25 |
| **字　　数** | 230 千字 |
| **版　　次** | 2024 年 3 月第 1 版　2024 年 5 月第 1 次印刷 |
| **书　　号** | ISBN 978-7-5221-3287-7　　　**定　价　65.00 元** |

# 前　言

碳纤维是一种轻质、高强度和高模量的纤维材料，具有优异的力学性能和化学稳定性。因此，它被广泛用于航空航天、汽车工业、体育器材、建筑和其他领域中。然而，纯碳纤维材料的应用受到其脆性和缺乏塑性的限制。为了克服这些问题，碳纤维通常与聚合物基复合材料组合使用，以获得更好的综合性能。

碳纤维及其聚合物基复合材料的应用前景广阔，将在轻量化结构材料、高性能航空航天材料、可再生能源设备等领域发挥重要作用。碳纤维及其聚合物基复合材料的界面性能是一个复杂而重要的研究领域，对于提高材料的性能和拓展应用领域至关重要。不断的研究和创新将有助于推动这一领域的发展，为未来的工程应用提供更多可能性。

本书旨在系统性地探讨碳纤维与聚合物基复合材料的界面性能，涵盖了从微观到宏观的多个层面。通过深入分析碳纤维表面的处理方法、界面区域的微观结构和化学成分，以及与聚合物基体之间的黏附力等关键因素，揭示这些复合材料在不同环境和应用条件下的表现。

# 目　录

# 第一章　碳纤维及其聚合物基复合材料概述

## 引　言

纤维及其聚合物基复合材料在现代工程和科技领域中扮演着日益重要的角色。这一类材料的独特性质使其成为广泛应用于航空航天、汽车、建筑、医疗等领域的理想选择。纤维是一种具有高比表面积、高强度和高模量的材料，而聚合物则以其轻质、可塑性和化学稳定性而著称。将这两者结合形成的复合材料，不仅继承了纤维和聚合物各自的优点，还具备了新的卓越性能，使其在多个领域中都能发挥出色的作用。复合材料的概念源远流长，但随着科技的不断进步，纤维及其聚合物基复合材料的研究和应用逐渐引起了人们的广泛关注。传统的材料往往在某些方面表现出色，但在其他方面存在不足。而纤维及其聚合物基复合材料通过合理的组合和设计，成功地弥补了传统材料的不足之处，提高了整体性能。

纤维作为复合材料的强化相，起到了至关重要的作用。纤维的选择范围广泛，可以是碳纤维、玻璃纤维、聚芳醚纤维等。这些纤维不仅具有高强度和刚度，而且质量小，具有良好的耐腐蚀性能。因此，纤维能够在复合材料中增加材料的强度，提高其抗拉、抗弯等力学性能，使得复合材料能够在更为苛刻的工程环境中发挥优越的性能。聚合物作为复合材料的基体相，具有出色的可塑性和耐化学腐蚀性。聚合物的基体可以是环氧树脂、聚酰亚胺、聚丙烯等。这些聚合物基体的特性使得复合材料具备了较好的加工性能，能够通过不同的成形工艺制备出复杂形状的零部件。与此同时，聚合物的化学稳定性能使得复合材料在潮湿、腐蚀等恶劣环境中依然能够保持优异的性能。本章将对纤维及其聚合物基复合材料进行全面深入的探讨。

# 第一节 碳纤维概述

## 一、碳纤维发展概述

碳纤维是20世纪60年代兴起的，由有机纤维经过预氧化、低温碳化、高温碳化等处理过程转化而成，是含碳量93%以上的理想功能材料和结构材料。“追根求源”，若把碳纤维的诞生日期作为当今碳纤维复合材料的始祖考察，那么，1860年英国瑟夫·斯旺将细长的绳状纸片炭化制取碳丝并于1879年获专利，可以看作碳纤维的源头。1879年10月21日，美国发明家、科学家爱迪生以斯旺的碳丝作灯丝，并持续照明45小时，开创了划时代的光明世界。到1910年库里奇发明了钨丝替代了碳丝之后，碳丝的应用就销声匿迹了，直到1959年才出现了碳纤维发展。就碳纤维生产朝着高性能与低成本方向发展趋势而言，英国皇家航空研究院在1959年日本研发的PAN碳纤维基础上，随后研发出制造高性能PAN碳纤维的技术流程方法，从而促进了PAN碳纤维的快速发展，并且促成PAN碳纤维产量世界所有碳纤维产量的90%左右。1974年，美国联合碳化物公司着手高性能中间相沥青基碳纤维Thornel P-35的研制并取得成功。随之对Thornel系列拓展开发，其中Thornel P系列高性能沥青碳纤维成为世界上最好的产品，其弹性模量接近理论模量（见图1-1和图1-2）。由于它具有高强度、高模量、高导电导热等特点及优异的耐高温、化学稳定性，而用于被广泛应用于民用工业及军事领域。碳纤维复合材料（见图1-3和图1-4）的飞速发展，又反过来进一步促进了碳纤维的发展。

图1-1 高性能沥青碳纤维

图1-2 碳带

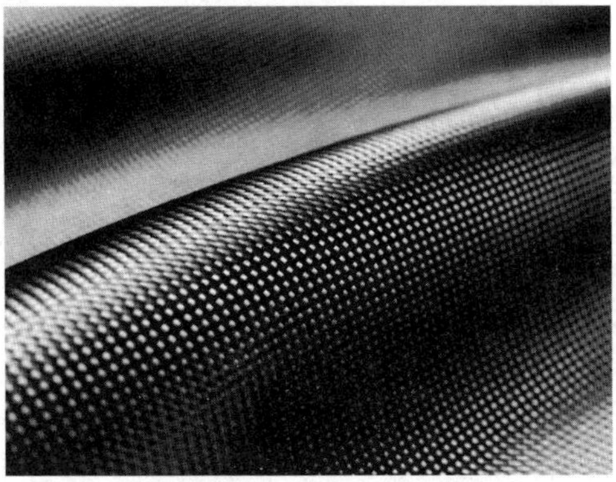

图 1-3　碳纤维织物

图 1-4　碳纤维管彩丝碳带

我国对碳纤维的注视与探索比较早。20 世纪 60 年代初，长春应用化学研究所已着手于 PN 基碳纤维的研究，20 世纪 70 年代初已完成连续化中试装置。其后，上海合成纤维研究所、中国科学院山西煤炭化学研究所等单位也开展研制工作，并于 20 世纪 80 年代中期通过了中试。进入产业化试生产阶段，先后建成了年产量从几百公斤到几吨的小试装置和几十吨的中试生产装置。1979 年，中国科学院山西煤炭化学研究所开始研制沥青基碳纤维，1985 年通过小试。在此基础上，冶金工业部在烟台筹建了新材料研究所，生产通用级沥青碳纤维，规模 70～100 t/a，主要做飞机的刹车片。20 世纪 90 年代初扩大到 150 t/a。但由于设备未过关，又无改造资金，处于停产状态。鞍山东亚精细化工有限公司投资 12 亿元人民币，于 20 世纪 90 年代初从美国阿什兰德石油公司引进了全套生产设备，生产能力为 200 t/a，1994 年动工建设，1995 年投产。1997 年以后，我国大力发展对碳纤维的产品引进与研发，以及应用研究。1997 年，国家工业建筑诊断与改造工程技术研究中心，在国内最早开展碳纤维增强复合材料加固混凝土构件研究。同年，天津大学与日本九州产业大学合作，开展“碳纤维布加固补强建筑结构研究”。与此同时，在宇宙航天、航空，汽车及交通，土木建筑和基础设施，体育娱乐器材及医疗器材，环境保护和新能源等领域，均各自围绕其应用广泛地开展了碳纤维及其增强复合材料、技术、工艺的研究。同济大学较早地编制出《碳纤维布加固修补结构施工及验收规范》；中国工程建设标准化协会于 2003 年推荐《碳纤维片材加固混凝土结构技术规程》。由于纤维的碳化过程是在高温惰性气体中进行的，非碳元素会逸出表面，且碳元素也会在表面产生聚集，导致碳纤维的表面活性降低，光滑的表面也使得碳纤维与基体树脂的浸润性变差。所以未经处理的碳纤维表面光滑，化学活性的官能团含量较少，制得的复合材料界面结合力较弱，严重地影响了碳纤维优异性能的利用率，因此，众多学者对碳纤维的表面改性的研究十分深入。碳纤维的表面改性工作主要是提高其表面张力、提高表面活性官能团的数量，从而提高碳纤维与基体树脂之间的界面作用力，甚至形成新的化学键，进而提高复合材料力学性能通过这样的方式，大学生能够更全面地发展个人素质，为未来的发展和社会贡献奠定坚实基础。

## 二、碳纤维种类

### （一）高模碳纤维

高模碳纤维（HMCF）是一种具有卓越力学性能的碳纤维变体，其制备和性质使其在各种高性能应用中备受青睐。高模碳纤维的出色之处在于其极高的模量，即弹性模量，这是衡量材料刚度和刚性的关键指标。HMCF 通常具有比传统碳纤维更高的模量，使其成为许多工业和科技领域中的理想选择。高模碳纤维的制备过程通常源于高聚物的选择，例如聚丙烯腈（PAN）或其他富碳原料。这些高聚物通过纺丝等工艺形成连续的纤维，然后经过高温碳化等处理，使其逐渐转化为高度有序的碳链结构。这一过程保留了碳纤维的轻质特性，同时增加了其结晶度和模量，为高模碳纤维的形成奠定了基础。高模碳纤维的显著特点之一是其卓越的拉伸模量，通常在 350 GPa 以上。这使得 HMCF 在需要极高刚度和刚性的应用中表现突出，如航空航天、汽车工业、体育器材等领域。其高模量的优势不仅体现在轻量化设计中，还在提高结构的抗弯曲性、抗挤压性等方面发挥了关键作用。除了高模量，高模碳纤维还具有出色的拉伸强度。其在拉伸应力下表现出的强度使得它在需要兼顾轻量化和高强度的场景中大放异彩。在一些特殊领域，如航空航天结构、汽车制造和体育器材设计中，高模碳纤维的高拉伸强度为材料的使用提供了广泛的空间。高模碳纤维还表现出优异的热稳定性和耐腐蚀性。其在高温环境下的性能稳定，使其适用于高温引擎零部件、航空器结构等高温工作环境。同时，碳纤维的抗腐蚀性质使其在恶劣环境中能够保持长期稳定性，延长了材料的使用寿命。高模碳纤维的广泛应用推动了先进材料科技的发展。在航空航天领域，高模碳纤维被广泛应用于飞机结构、卫星部件等，以提高飞行器的性能和效率。在汽车工业，HMCF 的轻量化和高刚性使其成为制造高性能、燃油效率更高的车辆的理想选择。在体育器材中，高模碳纤维被用于制造轻量化且具有卓越性能的运动器材，如高级自行车框架、高尔夫球杆等。高模碳纤维的卓越性能使其在多个领域崭露头角，为材料科学和工程技术的发展提供了强大的支持。随着对轻量、高性能材料需求的不断增长，高模碳纤维有望在未来更广泛地应用于先进技术和创新领域。

### （二）高强碳纤维

高强碳纤维（HSF）以其卓越的强度特性而备受瞩目。这种碳纤维种类在其制备过程中通过采用高度有序的聚合物纤维，并经过高温碳化等工艺，形成了具有出色拉伸强度的材料。这种强度不仅仅在材料领域引人注目，更是在工业、科技和航空航天等领域展现出了独特的应用价值。高强碳纤维的显著特性之一是其在拉伸应力下表现出的惊人强度。这使得 HSF 成为理想的选材之一，尤其是在需要轻量化设计和高强度要求的场景中。其拉伸强度通常高达几千兆帕斯卡，使其成为诸如飞机结构、航天器零部件等领域的首选材料。这种高强度的表现不仅是材料在静态载荷下的杰出体现，在动态负荷和冲击负载下同样表现出色。这使得 HSF 在抗疲劳和抗冲击方面具有显著优势，适用于一系列复杂和苛刻的工作环境。在实际应用中，例如飞机机身和汽车车架等高动态载荷场景，高强碳纤维的应用不仅轻量，还能确保结构的稳定性和安全性。高强碳纤维的制备中，通常采用的原料为聚丙烯腈（PAN）等富碳聚合物。这些高聚物通过纺丝和高温碳化等处理，逐渐形成结晶有序的碳链结构。这一过程保留了碳纤维的轻质特性，同时增加了其拉伸强度，为高强碳纤维的形成奠定了基础。与传统碳纤维相比，高强碳纤维的优势在于其更高的强度–重量比，使得其在提高结构强度的同时不增加过多重量。这使得 HSF 在轻量化设计中具有显著优势，为各种领域的先进应用提供了更多可能性。在现代航空航天、汽车制造和体育器材设计中，高强碳纤维的应用正不断拓展其领域。高强碳纤维的性能也使其成为增强复合材料的理想选择。通过将 HSF 与树脂等基体材料组合，可以形成高强度、高刚性的复合材料结构。这种结合能够满足复合材料在工程领域中对于高性能、高可靠性的要求，如制备先进的飞机翼、汽车车身等。在高温环境下，高强碳纤维同样表现出色。其稳定的性能使得 HSF 在高温引擎零部件等场景中有着广泛的应用前景。与传统材料相比，高强碳纤维在高温条件下仍能保持卓越的力学性能，为工程和科技领域提供了更可靠的选择。高强碳纤维以其卓越的拉伸强度、轻量化设计和广泛的应用领域而脱颖而出。其在航空航天、汽车工业、体育器材等领域的应用不断壮大，为材料科学和工程技术的不断发展提供了有力支持。随着对高性能、轻量化材料需求的不断增加，高强碳纤维将继续在未来科技创新中发挥重要作用。

### （三）碳化纤维

碳化纤维是一种高性能纤维材料，其制备涉及多道复杂工艺。起初，通过选择合适的高聚物，如聚丙烯腈（PAN），作为原料进行纺丝，形成初始纤维结构。在高温条件下，这些纤维经过气相和热处理，逐渐转变为碳链结构，保留了其轻质性质的同时提高了强度。制备过程中，高温炉的运用至关重要，通过精密控制温度，使得原始纤维经历聚合、氧化、碳化等阶段，最终形成碳化纤维。碳化纤维以其卓越的轻质特性脱颖而出。其相对密度较低，使得其成为轻量化设计的理想选择。由于其结构中碳元素的高含量，碳化纤维具有卓越的导电性能，广泛应用于电子领域，如导电纤维、电磁屏蔽材料等。然而，碳化纤维的真正亮点在于其极高的拉伸强度和模量。这使得碳化纤维在高强度要求的应用中发挥关键作用，如航空航天结构、汽车轻量化设计等。其高模量也意味着在受力时能够更好地保持形状，提高了其在结构工程中的适用性。碳化纤维在高温环境下表现出色。其高温稳定性使其成为高温引擎零部件、航天器零组件等领域的理想选择。在这些极端条件下，碳化纤维能够保持其卓越的力学性能，为工程领域提供了更加可靠和耐用的解决方案。值得一提的是，碳化纤维的制备过程中，拉拔工艺是一个关键步骤。通过拉拔，纤维的直径可以得到进一步减小，提高其纤维间的结合力。这种工艺不仅有助于提高碳化纤维的强度和模量，同时也使得其形成更细致、有序的结构。在碳化纤维的广泛应用中，表面处理和涂层技术是不可或缺的一环。通过在纤维表面施加化学气相沉积、物理气相沉积等技术，可以形成一层均匀的涂层，提高碳化纤维与其他材料的结合性，拓展了其应用领域。这种涂层不仅可以改善纤维的表面性能，还可以为碳化纤维赋予特殊的功能，如耐磨涂层、导电涂层等。

## 三、制备工艺流程

### （一）高聚物选择

高聚物的选择在碳纤维制备的过程中是一项至关重要的步骤，它直接影响着最终碳纤维的性能和应用领域。在这个阶段，对于高聚物的选择需要综合考虑材料的特性、纺丝工艺和最终应用的需求。聚丙烯是一种常用的高聚物之一，其具有良好的耐热性和化学稳定性。聚丙烯的分子结构中只含有碳和氢元素，这有利于在高温碳化过程中形成高纯度的碳纤维。其轻质、耐腐蚀的特性使得聚丙烯纤维适用于需要高强度和高模量的应用，如航空航天和汽车工业。聚丙烯腈是另一种常见的原料，广泛应用于碳纤维的制备。在制备过程中，聚丙烯腈经过纺丝形成连续纤维，然后通过预氧化和高温碳化等步骤，最终形成碳纤维。聚丙烯腈纤维具有优异的拉伸强度和模量，适用于高性能领域，如航空航天、运动器材等。其制备过程相对成本较低，因此在大规模生产碳纤维时具有经济优势。聚苯乙烯作为高聚物也在碳纤维的制备中发挥着作用。聚苯乙烯纤维具有良好的抗弯曲性能和高刚度，适用于需要高度稳定性和刚度的应用，如建筑结构、体育器材等。然而，由于聚苯乙烯在高温下分解的温度较低，其在高温碳化过程中需要特殊处理以防止纤维断裂和失去机械性能。在高聚物选择中，还有其他一些特殊的聚合物，如聚氰胺等，它们在碳纤维制备中也有特定的应用。这些高聚物的选择不仅涉及碳纤维的性能，还需要考虑到原材料的可用性、成本和可持续性等方面的因素。高聚物的选择是碳纤维制备中的决定性因素之一，直接影响着最终产品的性能和应用范围。随着材料科学的不断发展，对于高聚物的研究和创新将继续推动碳纤维制备工艺的进步，使其更好地满足现代工程和科技应用的需求。

### （二）纺丝

纺丝是碳纤维制备过程中的关键步骤，通过这一工艺，选定的高聚物被转化为连续的纤维。这一阶段不仅决定了纤维的形态和结构，同时也对最终碳纤维的性能产生深远的影响。在纺丝工艺中，湿法纺丝和干法纺丝是两种常用的方法，它们分别采用了不同的溶解和成纤原理，为制备不同性能和用途的碳纤维提供了多样选择。湿法纺丝是一种常见的纺丝方法，其特点在于将高聚物在溶剂中溶解，形成纤维后再通过固化过程固定形态。这一过程分为几个关键步骤。高聚物被加入合适的溶剂中，形成溶液。在旋转的喷丝头的作用下，通过控制溶液的流速和喷丝头的旋转速度，溶液被喷成极细的液滴，形成原始纤维。接着，原始纤维进入固化室，在这里通过调控温湿度等条件，使得纤维固化成为连续的高聚物纤维。这些形成的连续纤维在后续的处理过程中将成为制备碳纤维的基础。与湿法纺丝不同，干法纺丝是通过将高聚物加热至其熔点，然后通过喷丝或旋丝等方式形成纤维。这一方法常用于具有良好熔融性的高聚物。在干法纺丝中，高聚物先被加热至液态状态，形成熔体。然后，通过喷丝或旋丝等方式，使熔体流经喷嘴形成细丝，并在空气中迅速冷却凝固成为纤维。干法纺丝通常不涉及溶剂的使用，因此可以减少对环境的影响，而且在制备过程中不需要固化步骤，减少了工艺的复杂性。纺丝工艺的选择对于最终碳纤维的性能和应用有着显著的影响。湿法纺丝通常能够制备出较细且均匀的纤维，对于一些对纤维直径有极高要求的领域，如微电子学、生物医学等，具有明显的优势。而干法纺丝则更适用于一些高熔融性的高聚物，制备出的纤维更具有独特的性能，适用于不同的应用场景。

纺丝工艺是碳纤维制备中至关重要的一环，其选择不仅要考虑高聚物的性质，还需结合最终应用对于纤维性能的要求。通过调控纺丝工艺参数，可以实现对碳纤维形态、结构和性能的有效控制，为碳纤维在航空航天、汽车工业、体育器材等领域的广泛应用提供了坚实的基础。

### （三）预氧化

预氧化是碳纤维制备过程中的重要步骤，其目的是通过在氧气和惰性气氛中对纤维进行热处理，去除一部分非碳元素，从而提高纤维的碳浓度。这一阶段对于最终碳纤维的结构和性能具有关键性的影响，是整个制备过程中不可或缺的环节。预氧化的过程通常发生在特定的气氛下，主要包括氧气和惰性气体，如氮气或氩气。这是因为氧气有助于去除纤维中的非碳元素，而惰性气体则能够减少氧气对纤维的氧化影响，保护纤维的结构不受到过度破坏。在预氧化阶段，温度是一个至关重要的控制参数。一般而言，温度的选择在 200～300 ℃，这个范围内的温度有利于有效去除纤维中的氧、氮等非碳元素，同时保持纤维的形态和结构。预氧化温度的精准控制对于最终碳纤维的质量和性能至关重要。在预氧化过程中，非碳元素主要以气体的形式释放出去。一般而言，气氛中的氧气与纤维中的氧原子发生反应，生成二氧化碳等气体，并将氧含量逐渐减少。同时，惰性气体的存在有助于保护纤维免受氧化的影响。这个过程使得纤维中的碳元素逐渐成为主要的组成部分，增加了纤维的碳浓度，为后续的高温碳化过程奠定基础。除了调控气氛和温度外，预氧化的时间也是一个需要仔细控制的因素。通常情况下，较长的预氧化时间有助于更彻底地去除非碳元素，但过长的时间也可能导致纤维的结构变得过于脆弱。因此，在实际生产中需要综合考虑各种因素，优化预氧化的工艺参数，以获得理想的碳纤维性能。预氧化是整个碳纤维制备过程中的一环，其成功实施直接影响了最终碳纤维的性能和应用。通过在预氧化阶段对纤维进行精确控制，可以实现碳纤维的高纯度、优异的力学性能和稳定的结构，为碳纤维在航空航天、汽车工业、体育器材等领域的广泛应用提供了坚实的基础。

### （四）高温碳化

碳纤维的制备过程是一项精密而关键的工艺，主要通过高聚物纤维在高温下的碳化实现。这一过程不仅决定了碳纤维的结构和性能，同时确保了其保持高强度和轻质特性。碳化过程包括了多个关键步骤，从最初的聚合物选择到最终的碳纤维形成，每个步骤都在塑造碳纤维材料的特性方面发挥着至关重要的作用。碳纤维的制备过程始于高聚物的选择。常见的高聚物有聚丙烯、聚丙烯腈、聚苯乙烯等。这些高聚物在纺丝过程中形成纤维，然后通过预氧化处理，使得纤维中的非碳元素得到去除。预氧化阶段通常在氧气和惰性气氛中进行，确保纤维的表面不受氧化，从而保持碳化后的高纯度。随后，纤维进入碳化炉，经过高温碳化过程。在这个阶段，温度是一个关键参数，通常在 1 200 ℃以上。高温下，纤维中的非碳元素（如氧、氮）会逐渐被去除，留下的是碳原子的排列，形成具有高度有序结构的碳链。这一碳化过程是整个制备过程中最为关键的环节，直接决定了碳纤维的最终性能。高温环境下的碳化使得碳纤维具备了出色的机械性能，如高强度和高模量。在碳化完成后，还需要进行表面处理和涂层，以提高碳纤维的界面黏合性和复合材料的性能。例如，表面处理可以采用化学气相沉积（CVD）或物理气相沉积（PVD）等方法，通过在纤维表面沉积一层薄膜来改善其界面性能。这一步骤旨在增强碳纤维与其他材料的黏附性，使其更好地融合于复合材料中，提高整体性能。碳纤维的制备过程不仅要求在高温下确保纤维的高度有序结构，还需要保证纤维的直径和长度得到精确控制，以满足不同应用领域的需求。现代技术不断推动着碳纤维制备工艺的进步，通过优化制备参数和引入新的材料科学理念，为碳纤维的制备提供更高效、可控的方法。碳纤维的制备过程是一项综合考虑高聚物选择、纺丝工艺、预氧化、高温碳化、表面处理等多个步骤的复杂工艺。这一过程确保了碳纤维不仅保持了纤维的高强度和轻质特性，同时通过表面处理和涂层进一步拓展了其在复合材料中的应用领域。碳纤维的制备工艺的不断优化和创新将继续推动其在工程、科技和其他领域中的广泛应用。

### （五）拉拔

拉拔是制备碳纤维的一种重要而精密的工艺方法，通过这一过程，纤维得以变得更细，从而提高其强度和模量。这一步骤在碳纤维的制备过程中发挥着至关重要的作用，影响着最终材料的性能和应用领域。拉拔的过程通常发生在高聚物纤维经过初步碳化后。在拉拔之前，纤维已经形成，并且经过一定程度的碳化，但其直径和尺寸可能并不满足特定应用的需求。拉拔通过将碳化后的纤维通过微小的孔径拉伸，使其直径变得更加细小，同时保持其长度。这个过程不仅改变了纤维的几何形状，还通过排列碳原子的方式优化了其结构，最终提高了碳纤维的强度和模量。拉拔的优势之一在于可以实现纤维的直径精确控制。通过调整拉拔过程中的拉伸速率和拉伸倍数，可以精确地控制碳纤维的直径，确保其满足特定应用的要求。这种精准的控制对于一些对纤维直径有极高要求的领域，如微电子学、生物医学等，具有重要的意义。拉拔还能够改善碳纤维的结晶结构。拉拔过程中，碳纤维受到拉伸力的作用，分子链被拉直，有序排列，从而形成更加紧密和有序的结晶结构。这使得碳纤维在应力作用下更加坚固，提高了其抗拉强度和模量。这种结晶结构的调控对于碳纤维在高强度应用领域，如航空航天、汽车工业等，至关重要。值得注意的是，拉拔过程也可能对碳纤维的表面质量产生影响。由于拉拔是一个机械加工过程，可能引入表面缺陷，如微裂纹和磨损。因此，在实际应用中，对于一些对表面质量要求较高的领域，可能需要进一步的表面处理步骤，以确保碳纤维的整体性能。拉拔作为制备碳纤维的重要工艺方法，通过精细控制纤维的直径和结晶结构，显著提高了碳纤维的强度和模量，使其成为广泛应用于高性能领域的理想材料。随着对于轻质、高强度材料需求的不断增加，拉拔作为一项关键工艺将继续在碳纤维制备领域发挥着不可替代的作用。

### （六）表面处理和涂层

表面处理和涂层是碳纤维制备过程中的关键步骤，旨在提高碳纤维在复合材料中的黏附性和改善其表面性能。这一阶段的工艺涉及多种方法，其中包括化学气相沉积（CVD）和物理气相沉积（PVD）等，这些方法对于优化碳纤维的表面特性，增强其与其他材料的结合力，具有重要的作用。表面处理和涂层的目的之一是提高碳纤维在复合材料中的黏附性。在复合材料中，碳纤维通常与树脂基体或其他增强材料结合，黏附性的强弱直接影响了整个复合材料的性能。通过表面处理，可以在碳纤维表面形成一层薄膜，增加其表面粗糙度和活性位点，从而提高与其他材料的黏附性。这对于制备高性能、高强度的复合材料至关重要。化学气相沉积是一种常用的表面处理方法，其基本原理是通过在高温下将气体中的化合物分解并沉积在碳纤维表面。这些化合物可以是金属、陶瓷等材料，形成的薄膜具有良好的附着力和均匀性。CVD 不仅可以用于表面处理，还可用于在碳纤维表面沉积导电性或其他功能性薄膜，扩展碳纤维的应用领域。另一种常用的表面处理方法是物理气相沉积，它是通过在真空环境中蒸发、溅射或弧放电等手段，将金属、陶瓷等材料沉积到碳纤维表面。与 CVD 相比，PVD 具有更好的控制性能，可以实现对薄膜厚度和成分的精确调控。这种方法同样能够提高碳纤维的表面活性和结合力。表面处理还可以通过改变碳纤维表面的化学性质，引入官能团等手段来实现。例如，通过在表面引入含氧官能团，可以增加碳纤维表面的亲水性，提高其与树脂基体的相容性。这种方法可以通过氧气等气体的等离子体处理、氧化等方式实现。

### （七）切割和成形

切割和成形是碳纤维制备过程中的关键步骤，其目的在于根据具体应用的需求，对制备好的碳纤维进行精细加工，赋予其特定的形状和尺寸。这一阶段的工艺包括剪切、编织、层压等多种加工方法，通过这些手段，可以实现碳纤维的定制化加工，满足不同行业领域对于高性能材料的多样化需求。剪切是一种常见的切割方法，通过机械设备将碳纤维进行精确的切割。这种方法适用于需要定制尺寸和形状的碳纤维产品，如在航空航天领域中用于制备飞机部件的碳纤维板材。剪切工艺的优势在于精度高、生产效率较高，可以满足一些对尺寸要求严格的应用。编织是一种将碳纤维进行交叉编织的工艺，通常用于制备碳纤维织物。通过编织，可以形成坚固而灵活的碳纤维布，广泛应用于航空航天、汽车工业、体育器材等领域。编织工艺使得碳纤维的力学性能得以充分发挥，同时也增强了其整体结构的稳定性。不同的编织方式和密度可以产生不同性能的织物，满足不同应用场景的需求。层压是一种通过将多层碳纤维堆叠在一起，并通过树脂或其他黏合剂将其黏结形成复合材料的工艺。这种方法可以调整碳纤维的叠层结构，实现在不同方向上的强度和刚度的定制化设计。层压工艺常用于制备碳纤维复合材料板材、管道等产品，具有优异的强度重量比和刚度重量比。除了上述的主要加工方法外，还有一些其他成形工艺，如挤出、注塑等，可以根据具体需求进行选择。这些成形工艺不仅可以应用于板材和织物的制备，还可以用于生产各种复杂形状的碳纤维制品，如碳纤维复合材料零部件、管道、车身等。在进行切割和成形的过程中，需要充分考虑碳纤维的方向性和层间结合的问题，以确保最终产品具有优异的综合性能。同时，为了提高碳纤维与其他材料的结合力，表面处理和涂层等工艺也可以在这一阶段得到应用，使碳纤维的应用更加广泛和多样化。切割和成形阶段是碳纤维制备的关键环节，通过巧妙的加工工艺，可以使碳纤维充分发挥其独特的性能，满足不同领域对于高性能、轻量化材料的需求。随着技术的不断进步，碳纤维的切割和成形工艺将继续演化和创新，推动碳纤维在各个领域的广泛应用。

# 第二节　碳纤维特性

## 一、碳纤维的物理特性

### （一）轻质性

碳纤维是一种力学性能优异的新材料，它的比重不到钢的 1/4，碳纤维树脂复合材料这轻盈的特性将碳纤维推向了轻量化设计的前沿，成为众多领域中的理想选择。在航空航天领域，工程师们追求飞行器的最佳性能，而碳纤维的低密度为实现这一目标提供了可能。其在飞机结构中的应用，如机身和翼面，能够显著减轻整体重量，有助于提高飞机的燃油效率，延长续航能力。这使得碳纤维在航空航天工程中成为一项不可或缺的创新材料。在汽车制造领域，轻量化设计是为了提高燃油效率、降低碳排放并提升整车性能。碳纤维的低相对密度使其成为汽车结构的理想选择。通过在车身和底盘中广泛应用碳纤维复合材料，汽车制造商能够有效地减轻车辆整体重量，改善操控性能，提高燃油经济性。因此，碳纤维在现代汽车设计中占据着重要地位，成为驾驶者追求高性能和绿色出行的理想之选。在体育器材制造方面，轻质性质也使得碳纤维在设计高性能、创新性的体育用具时备受青睐。例如，自行车制造商采用碳纤维材料制造车架，既确保了强度和刚性，又在不增加负担的情况下提高了速度和操控性。此外，碳纤维在高尔夫球杆、网球拍等体育器材中的应用，不仅减轻了运动员的负担，还提升了装备的性能和使用寿命。碳纤维的轻质性质不仅在科技创新中展现着独特价值，同时也在满足现代社会对可持续发展和环保的需求中发挥着重要作用。其在航空航天、汽车制造和体育器材等领域的广泛应用，使得轻量高强的碳纤维成为推动科技和产业发展的引擎之一。

## （二）高强度

碳纤维之所以具有卓越的高强度特性，源于其独特的分子结构和制备工艺。在碳纤维的微观世界中，其主要成分为碳元素，呈现出六角形的排列结构，形成了类似晶格的排布。这种结构不仅赋予碳纤维卓越的机械性能，同时也为其高强度特性奠定了基础。在制备过程中，碳纤维通常通过高聚物纤维在高温下碳化而得。这个碳化过程是关键的步骤之一，其通过去除高聚物中的非碳元素，留下纯净的碳结构，从而提高了纤维的碳浓度。这使得碳纤维具备了极高的结晶度和纤维间的紧密结合，为其高强度特性打下了基础。拉拔是碳纤维制备中的关键制程，通过拉拔可以使得纤维变得更细，提高其强度和模量。这一制备方法使得碳纤维纤维的排列更为有序，结晶性能更强，从而表现出更为卓越的高强度特性。拉拔的过程中，碳纤维的晶体结构得到优化，使其能够更好地应对外部力的挑战。碳纤维的高强度特性还得益于其纤维间的相互作用。在微观层面上，纤维之间通过强烈的碳–碳键相互连接，形成了紧密的结构网格。这种强大的分子间相互作用赋予碳纤维卓越的抗拉伸性能，使其在受力时能够有效地保持形状，并展现出出色的强度和刚度。因此，碳纤维之所以具备高强度特性，是由于其独特的微观结构、制备工艺及分子间相互作用的巧妙结合。这使得碳纤维在航空航天、汽车制造和体育器材等领域成为杰出的材料选择，为各种工程应用提供了卓越的性能和可靠性。

## （三）高模量

在碳纤维的微观结构中，碳元素以六角形的晶格排列，形成了高度有序的晶体结构。这种有序排列不仅使碳纤维具有优异的机械性能，同时也为其高模量特性提供了基础。制备过程中的碳化过程是实现高模量的关键步骤之一。通过高温下将高聚物纤维碳化，消除了高聚物中的非碳元素，形成了碳元素浓度更高的结构。这使得碳纤维的晶体结构更加完美，有助于提高其模量，使其在受力时更加刚性。拉拔是碳纤维制备中另一个重要的步骤，通过这一过程，纤维得以更细化，提高其强度和模量。在拉拔的过程中，碳纤维的分子链得到优化排列，晶体结构更为致密，为其高模量特性创造了有利的条件。这种有序排列的分子链使得碳纤维在承受外部力时表现出卓越的刚性，使其成为高性能材料的理想选择。碳纤维的高模量特性还源于其纤维间的协同作用。在微观层面上，碳纤维之间通过强烈的碳–碳键形成牢固的结合，构建了一个坚固的三维网络。这种强大的分子间相互作用为碳纤维赋予了出色的弹性模量，使其在应力集中的情况下表现出色。碳纤维之所以具备高模量特性，是由于其独特的微观结构、制备工艺及纤维间分子相互作用的协同效应。这使得碳纤维在航空航天、汽车制造和体育器材等领域展现出卓越的性能，为各种工程应用提供了高度刚性和可靠性。

### （四）可塑性

碳纤维的可塑性是指其在外力作用下能够发生形变、变形，并能够保持所形成的新形状的性质。这一特性使得碳纤维在制备复杂形状和应对多样化应用时表现出色。碳纤维的可塑性主要源于其特殊的分子结构和制备工艺。微观结构上，碳纤维的主要组成是碳元素，以六角形的晶格有序排列，形成了高度有序的晶体结构。这种结构使得碳纤维具有相对较高的柔韧性，能够在外力作用下发生弯曲、拉伸等形变。碳纤维的分子链能够在变形后重新排列，保持其结构的完整性，进而表现出优异的可塑性。制备过程中的拉拔工艺是关键步骤之一，通过拉拔可使纤维变得更细，提高其柔韧性和可塑性。拉拔的过程中，碳纤维的分子链得以重新排列，形成更有序的结构，使其在受力时更具弹性，能够适应不同的形状和变形需求。碳纤维的表面特性对其可塑性也有一定的影响。相对光滑的表面使得碳纤维在形变过程中减少了摩擦阻力，有利于形变的进行。这种表面特性同时也降低了形变过程中的能量损耗，使得碳纤维更为经济高效地发挥其可塑性。

### （五）良好的导电性

碳纤维所具备的导电性源于其独特的分子结构和碳元素的导电本质。导电性是指物质能够传导电流的能力，而碳纤维之所以具备这一特性，主要是因为其分子结构中包含的碳元素能够有效地传导电子。在碳纤维的微观结构中，碳元素以六角形的排列形式构成晶格，形成了一种高度有序的结构。这种有序性使得碳纤维的电子能够在分子之间迅速传递，形成有效的导电通道。碳元素本身具有良好的导电性能，其电子云结构能够轻松地传导电流，为碳纤维的导电特性提供了坚实的基础。碳纤维的制备工艺也对其导电性产生了影响。在碳纤维的制备过程中，高温碳化过程有助于去除高聚物中的非碳元素，提高碳浓度。这一过程不仅有利于提高碳纤维的强度和模量，同时也对其导电性能产生积极影响。高浓度的碳元素进一步促使电子在分子间形成更畅通的传导路径，提高了整体的导电性。碳纤维的导电性在众多领域中发挥着重要作用。在电子领域，碳纤维常被用于制造导电材料，例如导电纤维、导电布及导电复合材料等。其高导电性使得碳纤维能够有效地传导电流，同时保持轻质性质，为电子设备提供了一种理想的结构材料。在航空航天领域，碳纤维的导电性也被广泛应用。导电性能使得碳纤维在飞机和宇航器的结构中具备防静电、电磁屏蔽等功能，同时能够满足对轻量化设计的需求，为航天器提供了更为灵活和先进的设计方案。

## 二、碳纤维的化学特性

### （一）耐腐蚀性

碳纤维所具备的耐腐蚀性使其成为在恶劣环境条件下具备长期稳定性的理想材料。耐腐蚀性是指材料在与腐蚀性介质接触时能够保持其性能和结构完整性的能力。在碳纤维的微观层面，其主要成分是碳元素，以六角形的晶格排列形式形成有序结构。这种结构使得碳纤维表面呈现出相对惰性的特性，不易与腐蚀性介质发生化学反应。此外，碳纤维的制备过程中采用的高温碳化工艺有助于去除高聚物中的非碳元素，提高了碳元素的浓度，进一步增强了碳纤维的耐腐蚀性。碳纤维的高纯度和无机质成分也是其耐腐蚀性的关键因素之一。相比之下，传统的金属材料往往包含有机质和其他金属元素，这些成分容易在腐蚀性介质中发生氧化、腐蚀等反应，导致材料性能的下降。而碳纤维由于主要由碳元素组成，不含有易受腐蚀的金属元素，因此在腐蚀性环境中表现出较高的稳定性。碳纤维的表面特性也对其耐腐蚀性产生了积极的影响。其表面相对光滑，不容易附着腐蚀介质中的有害物质，从而减缓了腐蚀的发展速度。这种表面特性使得碳纤维在潮湿、腐蚀性气候中依然能够保持其性能，延长了材料的使用寿命。

### （二）高温稳定性

碳纤维的高温稳定性是指其在高温环境下能够维持其物理和化学性质的能力。这一特性使得碳纤维在高温应用中表现出色，广泛应用于航空航天、汽车工业、能源领域等对材料高温性能要求极高的领域。碳纤维的高温稳定性的根本原因可以追溯到其微观结构和分子成分。在微观层面，碳纤维的结构主要由碳元素构成，以六角形晶格有序排列，形成了高度有序的晶体结构。这种有序结构为碳纤维提供了出色的热稳定性，使其在高温环境下不易发生结构变化和热膨胀。碳纤维制备过程中采用的高温碳化工艺也是其高温稳定性的关键因素。通过高温碳化，高聚物中的非碳元素被有效去除，使得碳纤维的碳元素浓度更高，晶格结构更为致密。这使得碳纤维在高温下能够更好地保持结构完整性，不易发生热膨胀和形变。碳纤维的无机质成分和高纯度也为其高温稳定性提供了支持。相比之下，传统的金属材料通常包含有机质和其他金属元素，这些成分在高温下容易发生氧化和热膨胀，导致材料性能的下降。而碳纤维由于主要由碳元素组成，不含有易受高温影响的金属元素，因此能够在高温环境中表现出较高的稳定性。碳纤维的制备工艺中通常包括预氧化等步骤，这一阶段的处理有助于去除一部分非碳元素，增加纤维的碳浓度，提高其高温稳定性。预氧化使得碳纤维在高温环境中表现出更为出色的抗氧化性，延长了其在高温条件下的使用寿命。

## 第三节　聚合物基复合材料

聚合物基复合材料是一类由聚合物基体和强化材料（通常是纤维或颗粒）组成的复合材料。这种材料具有优异的性能，结合了聚合物的轻质、可塑性和耐腐蚀性等特点，以及强化材料的高强度和刚性。在聚合物基复合材料中，聚合物通常充当基体，起到连接和包裹强化材料的作用。聚合物基体可以选择不同种类的树脂，如环氧树脂、聚酯树脂和酚醛树脂等，以满足特定应用的需求。这些聚合物基体具有良好的可加工性，使得复合材料能够灵活地制备成各种形状和尺寸。强化材料是聚合物基复合材料中的关键组成部分，通常采用纤维或颗粒形式。纤维强化材料包括玻璃纤维、碳纤维、芳纶纤维等，而颗粒强化材料可以是硅胶、氧化铝等。这些强化材料赋予了复合材料高强度、高模量和优异的耐磨性等特性，使其在工程结构和高性能应用中得以广泛应用。

### 一、基本组成

常选用环氧树脂、聚酯树脂或酚醛树脂等作为基体材料。这些聚合物基体具备轻质、可塑性和耐腐蚀等特性，为复合材料奠定了基本性能的基础。强化材料在聚合物基复合材料中扮演着至关重要的角色。强化材料通常呈现纤维或颗粒的形式，包括玻璃纤维、碳纤维和芳纶纤维等。这些强化材料赋予复合材料卓越的拉伸强度、高刚性和其他特殊性能，使其能够胜任各种高性能和高强度的工程应用。聚合物基体的选择是关键的，不同类型的聚合物基体具有各自独特的性能和应用优势。环氧树脂因其优异的附着性和机械性能而常用于复合材料的制备。聚酯树脂具有较好的耐化学腐蚀性，适用于一些特殊环境下的应用。酚醛树脂则以其高温稳定性而在一些高温工程中得到广泛应用。强化材料的种类也丰富多样，每种材料都具有独特的性能优势。玻璃纤维因其相对低成本和较好的耐腐蚀性被广泛使用，特别是在建筑和汽车制造中。碳纤维以其轻质和高强度而在航空航天领域备受青睐。芳纶纤维则因其卓越的耐高温和抗化学侵蚀性能而常见于特殊工业领域。这种聚合物基复合材料的设计和制备需要精确的工艺控制。预处理阶段是确保强化材料与聚合物基体之间良好结合的关键步骤。

混合和成形的过程需要通过模压、注塑等技术确保复合材料达到设计的形状和性能。固化阶段则要求在适当的温度和时间下对混合物进行固化，确保复合材料形成稳定的结构。聚合物基复合材料的性能和应用受到基体和强化材料的选择、制备工艺的控制及后续处理步骤的影响。这使得这一类复合材料能够灵活适应各种需求，并在航空航天、汽车工业、建筑和其他领域中发挥着关键作用。

## 二、性能优势

聚合物基复合材料以其显著的性能优势在多个领域展现出卓越的应用价值。其轻质性质使其成为轻量化设计的理想选择，可显著减轻结构负荷，提高运载效率。这类复合材料具有卓越的高强度和高刚性，特别是强化材料中的碳纤维，使其在要求极端强度和耐久性的应用中表现卓越。此外，聚合物基复合材料表现出良好的耐腐蚀性，能够在恶劣环境中维持长期稳定性。这种优异的耐腐蚀性质使得其在海洋、化工等领域有着广泛的应用。其高温稳定性也是其性能优势之一，部分聚合物基复合材料能够在高温环境下保持其物理和化学性质。这使得其在航空航天领域中具备良好的应用前景，能够承受极端温度条件下的挑战。此外，这类复合材料还表现出优越的导电特性，可在电子、通信等领域中发挥重要作用。其可塑性是另一突出特点，使其能够以多种形状和尺寸制备，适应不同设计需求，从而拓展了其应用领域。聚合物基复合材料在制备工艺上的可控性也对其性能产生深远影响。通过精确的混合和成形过程，可以调控复合材料的结构和性能，使其更好地适应各种工程应用。预处理阶段的精细处理确保了强化材料与聚合物基体之间的良好结合，进一步增强了复合材料的整体性能。聚合物基复合材料凭借其轻质、高强度、良好的耐腐蚀性、高温稳定性、导电特性及可塑性等综合性能，成为现代工程设计中的杰出选择。在航空航天、汽车工业、建筑和电子领域，这类复合材料正在发挥越来越重要的作用，推动着材料科学和工程技术的不断进步。

## 三、制备工艺流程

### （一）预处理

预处理阶段在聚合物基复合材料的制备工艺中具有关键性的作用。这一阶段主要针对强化材料，旨在通过表面处理提高其与聚合物基体之间的黏附性，从而增强复合材料的整体性能。强化材料的表面通常会存在一些微观的不平整和不洁物质，这些因素可能降低其与聚合物基体的黏附性。因此，在预处理的初期，通常会采用物理方法，如喷砂或打磨，以去除表面的杂质和粗糙度，为后续处理创造更有利的条件。化学表面处理成为关键的一步。这涉及在强化材料表面引入一层能够增强黏附性的化学物质。例如，使用表面活性剂或特定的溶液可以改变强化材料的表面化学性质，使其更容易与聚合物基体相互结合。这种表面处理的化学反应能够在分子层面上建立更强的结合，提高界面的耐久性。对于一些强化材料，如玻璃纤维或碳纤维，还可以采用特殊的涂层技术。通过在表面涂覆一层薄薄的聚合物或其他黏附性材料，不仅可以进一步增加黏附力，还有助于改善表面的化学特性。这种涂层可以在预处理阶段实现，为后续的复合材料制备奠定坚实的基础。需要强调的是，预处理阶段的成功与否直接影响着复合材料的终极性能。一个有效的预处理过程能够确保强化材料与聚合物基体之间形成牢固的结合，提高整体的强度、韧性和耐久性。相反，若预处理不当，可能导致界面黏附不足，从而降低复合材料的性能和使用寿命。

### （二）混合和成形

混合和成形是聚合物基复合材料制备过程中的关键步骤，通过这一阶段，聚合物基体与强化材料相互融合并形成所需形状的材料。这一过程主要通过模压、注塑和挤出等工艺来实现，确保复合材料达到设计要求的结构和性能。混合阶段是将聚合物基体和强化材料进行充分的混合。在这个过程中，聚合物基体通常以液态或半固态的形式存在，而强化材料则以纤维或颗粒的形式存在。混合的目的是确保聚合物基体能够均匀地包覆强化材料，使其分散在整个材料中，从而提高复合材料的均匀性和一致性。成形阶段是通过特定的工艺将混合物形成所需的结构。模压是一种常见的成形方法，其中混合物被放置在一个模具中，并在高温和高压下被挤压成所需形状。这种方法适用于制备较为复杂的零部件和具有高密度要求的产品。注塑是另一种常见的成形工艺，其中混合物通过喷射到一个模具中，并在模具中冷却和凝固，形成最终产品。这种方法适用于大批量生产和对产品形状要求较高的情况。挤出是通过将混合物挤压通过一个形状为所需截面的挤出口，形成连续的型材。这种方法适用于制备长条状的产品，如管道或型材。在混合和成形的过程中，需要精确控制的参数包括温度、压力、时间等。温度的控制直接影响到聚合物基体的流动性和固化速度，从而影响复合材料的结构。压力的控制则影响到混合物在模具中的填充程度和密度。时间的控制关乎到混合物在成形过程中的固化时间，对最终的物理和力学性能有着重要影响。混合和成形阶段的成功实施不仅确保了复合材料的结构和性能达到设计要求，同时也为后续的固化和后处理步骤奠定了基础。通过巧妙地混合和成形，聚合物基复合材料能够满足多样化的工程需求，为各个领域提供了轻质、高强度、高刚性的先进材料。

### （三）固化

固化是聚合物基复合材料制备工艺中至关重要的一步，通过适当的温度和时间对混合物进行处理，使其在形成所需形状的同时获得稳定的结构。这个阶段的控制直接关系到复合材料的最终性能和使用寿命。温度是固化过程中的关键参数之一。温度的选择需要考虑到聚合物基体的玻璃转变温度，即材料从玻璃态转变为橡胶态的温度。在这个温度范围内，聚合物基体具有较好的流动性，能够填充强化材料之间的空隙，形成均匀的结构。此外，固化温度还要确保混合物中的交联反应能够充分发生，形成稳定的网络结构。固化时间的控制同样至关重要。固化时间与温度密切相关，较高的温度可能缩短固化时间，但也需要谨慎控制，以防止固化过程过快或过慢。过快的固化可能导致混合物在填充模具时未能充分流动，形成空隙或不均匀的结构。相反，过慢的固化可能导致能量浪费和制造周期延长。在固化过程中，还需考虑到气氛的选择。通常在氧气和惰性气氛中进行固化，以防止氧化反应和材料的降解。这对于一些特殊材料，尤其是高性能聚合物基复合材料，尤为重要。固化的成功与否直接影响到复合材料的最终性能。一次完全的固化确保了聚合物基体和强化材料之间形成了稳定的化学和物理连接。在这个过程中，交联反应使得聚合物基体形成了一个三维的网络结构，增强了复合材料的整体强度和刚性。同时，固化还能够确保混合物中的各种成分得到充分固定，使得复合材料在使用过程中能够稳定地保持其结构和性能。

### （四）后处理

后处理是其目的是通过修整、涂层或表面处理等步骤，进一步改善复合材料的性能，使其满足特定的设计和应用需求。修整是后处理中的一个重要环节。通过修整，可以使复合材料表面更加平整，去除可能存在的表面缺陷和不均匀性。这一步骤通常包括切割、研磨和打磨等工艺，以确保最终产品的外观和尺寸符合设计要求。修整的精度和质量直接影响到复合材料的最终外观和性能。涂层是后处理中的另一个关键步骤。通过在复合材料表面施加一层涂层，可以改善其耐磨、耐腐蚀、耐气候等性能，同时增加材料的装饰性。常见的涂层材料包括聚氨酯、环氧树脂、丙烯酸树脂等，选择合适的涂层材料可以根据具体应用场景定制复合材料的性能。表面处理也是后处理中的一个重要环节。表面处理的目的是通过改变复合材料表面的化学和物理性质，以提高其耐老化、耐紫外线辐射等性能。常见的表面处理方法包括等离子体处理、阳极氧化、化学气相沉积等，这些方法能够使复合材料表面形成一层稳定的保护层，延长其使用寿命。还有一些特殊的后处理工艺，如涂覆功能性涂层、进行陶瓷热障涂层等，这些工艺能够赋予复合材料更多的功能性和性能特性，满足特殊领域的需求，如航空航天、汽车工业等。在后处理的过程中，需要考虑到材料的特性、应用环境和设计要求，以确保后处理效果符合预期。通过巧妙的后处理，聚合物基复合材料可以在各个方面得到进一步优化，使其更好地适应多样化的应用场景，提高其在航空航天、汽车工业、建筑等领域的性能表现。

# 第四节 界面性能的重要性

## 一、界面性能内涵

碳纤维界面性指的是碳纤维与其周围聚合物基体之间的相互作用和结合特性。在碳纤维复合材料中，碳纤维通常被嵌入在聚合物基体中，而这两者之间的界面区域对于整个复合材料的性能至关重要。黏附性是指碳纤维与聚合物基体之间的结合强度。优秀的黏附性能能够确保碳纤维与基体之间形成牢固的连接，使得两者能够有效地共同工作，共同承担外部加载。界面性能还涉及碳纤维将载荷从聚合物基体有效传递到整个结构中的能力。一个良好的界面能够保证碳纤维不仅能够承受拉伸等载荷，还能够有效地传递这些载荷到基体，从而提高整个复合材料的强度和刚性。碳纤维复合材料中，界面性能的优劣直接关系到层间剥离的可能性。如果界面性能差，可能导致碳纤维层与基体之间的剥离，降低材料的整体性能。良好的碳纤维界面性能有助于提高复合材料在不同环境条件下的稳定性和耐久性，尤其是在潮湿、高温、腐蚀性环境中。碳纤维复合材料通常会在复杂的载荷和温度条件下工作，因此界面性能对于材料的疲劳性能至关重要。良好的界面性能有助于减缓疲劳裂纹的扩展，延长材料的使用寿命。碳纤维界面性的含义在于影响着碳纤维复合材料的整体性能，决定了这种复合材料在不同应用环境中的可靠性和性能表现。因此，在设计和制备碳纤维复合材料时，对界面性能的控制和优化是至关重要的。

## 二、界面性能的重要性

### （一）提升强度和刚性

在复合材料的工程设计中，强度和刚性是两个至关重要的性能指标，而这两者的充分发挥离不开良好的界面性能。界面性能对于确保复合材料的强度和刚性得到最大程度的发挥至关重要。在这方面，复合材料中通常采用聚合物基体和强化材料之间形成良好界面的方式来实现载荷的有效传递。强度方面，界面性能的良好直接影响到复合材料的整体强度。通过优化界面性能，可以确保聚合物基体与强化材料之间的紧密结合，防止剥离或裂解的发生。这种紧密的结合能够有效地将外部加载传递到整个材料结构中，充分发挥强化材料的高强度特性。良好的界面性能有助于最大化复合材料的抗拉伸、抗弯曲等方向的强度，使其在实际工程应用中更具可靠性。刚性方面，界面性能同样对复合材料的整体刚性产生显著影响。复合材料中的强化材料，如碳纤维，通常具有较高的刚性，而聚合物基体则相对柔韧。通过良好的界面性能，可以实现两者之间的有效耦合，确保外部加载时能够共同作用，使整个复合材料在承受载荷时保持刚性。缺乏良好的界面性能可能导致强化材料和基体之间的相对滑动，从而减弱整体材料的刚性。因此，强度和刚性作为复合材料最基本的性能之一，在设计和制备过程中必须重视界面性能的调控。通过优化界面性能，可以确保复合材料在实际工程应用中充分发挥其强度和刚性的优势，提高整体性能和可靠性。这一优化过程涉及复合材料的制备工艺、界面处理方法等多个方面的工程设计和科学研究。

### （二）疲劳性能

在实际使用中，材料经常会面临循环载荷的挑战，这使得疲劳性能成为衡量材料耐久性的重要指标。在复合材料中，通过优化界面性能，可以显著提高材料的抗疲劳性能，减缓裂纹的扩展，从而延长复合材料的使用寿命。疲劳性能的优化始于对复合材料中强化材料和聚合物基体之间界面的精心设计。良好的界面性能能够有效阻止裂纹的扩展，因为在循环载荷下，裂纹的扩展是导致材料疲劳破坏的关键因素之一。通过确保强化材料和基体之间的协同工作，有效地将载荷传递并分散，界面性能的优化减缓了裂纹的形成和扩展过程。界面性能的优化还有助于防止层间剥离，这也是导致复合材料疲劳破坏的常见机制之一。层间剥离可能导致复合材料整体性能的急剧下降，加速疲劳裂纹的发展。通过良好的界面设计，可以增强强化材料与基体之间的结合，防止层间剥离，从而提高复合材料的整体耐久性。优化界面性能，可以在循环载荷下减缓疲劳裂纹的扩展速度，提高复合材料的抗疲劳性能。这对于需要经受循环负载的应用场景，如飞机零部件、汽车结构等，具有重要的实际意义。因此，在复合材料的设计和制备中，特别关注并优化界面性能，是确保材料长期可靠性和耐久性的关键一步。

### （三）耐环境腐蚀性

耐环境腐蚀性是评估复合材料在复杂和恶劣环境中稳定性的关键性能指标之一。

复合材料广泛应用于各种领域，而这些应用场景往往涉及高温、潮湿、化学腐蚀等极端环境条件。在这种背景下，良好的界面性能对于提高复合材料的抗环境侵蚀性至关重要。界面性能的优化通过确保强化材料与聚合物基体之间形成的界面结构具有良好的致密性和稳定性，有助于抵御外部环境因素的侵蚀。在高温环境中，复合材料可能受到氧化和热分解的影响，而通过良好的界面设计，可以减缓这些化学反应的进行，从而提高材料的高温稳定性。潮湿环境对于一些复合材料来说可能是特别具有挑战性的。在潮湿条件下，可能导致水分渗透到材料内部，引发层间剥离等问题。通过界面性能的良好设计，可以增强强化材料与基体之间的结合，有效地抑制水分的渗透，提高复合材料的防潮性能。对于需要在化学腐蚀性环境中使用的复合材料，界面性能的优化也具有关键意义。不同的化学物质可能对材料产生腐蚀作用，而通过在界面层形成化学稳定的连接，可以有效地提高材料的抗腐蚀性。界面性能在耐环境腐蚀性方面的优化，不仅关乎材料本身的稳定性，更关系到整个结构在极端环境下的可靠性。在设计和制备复合材料时，特别重视并优化界面性能，是确保材料在各种恶劣环境中能够保持结构稳定性的关键一步。这一过程不仅需要深入理解材料与环境之间的相互作用，还需要结合先进的界面处理技术和合理的材料选择，以满足不同应用领域的需求。

### （四）防止层间剥离

层间剥离是复合材料中一种常见而严重的破坏模式，直接影响着材料的整体可靠性和性能。通过优化界面性能，可以有效地防止层间剥离的发生，提升复合材料的整体性能。界面性能的优化在于确保强化材料与聚合物基体之间形成紧密而稳定的连接。在复合材料中，强化材料常常是纤维状的结构，如碳纤维或玻璃纤维。通过良好的界面设计，可以促使强化纤维与基体之间形成良好的物理和化学结合，防止它们之间的相对滑动和剥离。层间剥离的防止需要考虑到不同层之间的界面能量分布。通过增加界面的黏附性，可以减缓裂纹的扩展速度，阻止剥离的蔓延。这可以通过采用适当的表面处理方法、添加黏合剂或引入亲和性增强剂等手段来实现，以增强复合材料层间的结合强度。界面性能的优化还需要考虑复合材料的制备工艺，包括纤维的布置、树脂的浸润等因素。通过合理的制备工艺，可以确保强化材料在基体中均匀分布，避免局部区域的弱点，从而减小层间剥离的风险。通过优化界面性能，可以在分子层面上调控材料的亲和性和结合强度，从而有效防止层间剥离的发生。这种优化不仅关系到材料的力学性能，还关系到材料的整体可靠性和使用寿命。在设计和制备复合材料时，针对不同的应用场景和要求，需要综合考虑材料的选择、处理方法和制备工艺，以最大限度地提高复合材料的层间结合强度，从而防止层间剥离的发生。

# 本章小结

本章深入研究了碳纤维及其聚合物基复合材料，着重介绍了碳纤维的概念、特性，以及聚合物基复合材料的组成和界面性能的关键性。在引言中强调了碳纤维及其聚合物基复合材料在现代材料科学与工程领域中的重要性。这种材料的独特性能赋予了它广泛的应用前景，从航空航天到汽车工业，再到体育用品和建筑领域，都展现了其巨大的潜力。在第一节中，深入了解了碳纤维的起源和制备过程。碳纤维的制备主要通过高聚物纤维在高温下碳化而得，这一过程保留了纤维的高强度和轻质特性。第二节则详细探讨了碳纤维的特性，包括轻质性质、高强度、高模量、良好的耐腐蚀性等。这些特性使得碳纤维成为一种理想的材料选择，适用于多个领域。第三节探讨聚合物基复合材料，介绍了其基本组成，包括聚合物基体和强化材料。聚合物基复合材料融合了聚合物和强化材料的优势，具有轻质、高强度等特性，广泛应用于工程领域。第四节强调了界面性能的重要性。界面性能直接关系到复合材料的力学性能、耐疲劳性能、耐腐蚀性能等关键指标。通过优化界面性能，可以有效提高复合材料的整体可靠性，避免一些破坏模式的发生。本章全面介绍了碳纤维及其聚合物基复合材料的概况。在后续章节中将进一步探讨碳纤维的制备工艺、不同类型碳纤维的特性，以及聚合物基复合材料在不同领域的应用，帮助读者建立更为全面的认知。

# 第二章　碳纤维表面处理方法

## 引　言

碳纤维作为一种重要的高性能材料，在航空航天、汽车工业、体育器材等领域广泛应用。然而，碳纤维表面的特殊化学和物理性质，使其在与其他材料或基体结合时存在一定的挑战。为了充分发挥碳纤维的优越性能并提高其在复合材料中的应用效果，表面处理成为一项至关重要的工艺。碳纤维表面处理的目标是改善其界面相容性、增强与基体的黏附性、提高表面能量以促进润湿，进而增强整体材料性能。本章将着重探讨碳纤维表面处理的多种方法，包括机械处理、化学处理、等离子体处理、硅化处理及其他表面改性技术，以期深入了解这些方法对碳纤维表面性能的影响，为其在各个应用领域的推广提供更为可靠的技术基础。随着碳纤维在工程领域中的广泛应用，对其表面性能的要求越来越高。通过对碳纤维表面处理方法的深入研究，能够更好地理解这些方法的原理和优劣，为选择合适的表面处理工艺提供科学依据。碳纤维表面处理的研究不仅关乎材料本身的性能提升，更关系到整体复合材料的性能和可靠性，因此对其进行全面而深入的了解至关重要。

## 第一节　机械处理

机械处理作为一种广泛应用于材料表面改良的方法，通过施加物理力，旨在改变材料表面的形态、粗糙度和结构。在碳纤维的应用中，机械处理成为一项关键的表面处理手段，其目的在于增加碳纤维表面的活性位点，提高表面能量，以显著改善其与基体的黏附性。机械处理常常采用砂纸磨砂等简单而直观的方法。气流研磨是一种更为精密和高效的机械处理方法。高能球磨是通过将碳纤维与磨料球一同放入球磨罐，通过高速旋转实现研磨的方法。这一过程中，高速旋转的磨料球会对碳纤维表面施加强烈的机械力，导致微观结构的改变。此外，高能球磨还能够引入纳米级的结构，提高表面的活性。这种机械处理方法使碳纤维表面形成更多的活性官能团，增强了其与基体之间的化学键结合。在机械处理的同时，这一过程也包括了对碳纤维表面的清洁作用。通过去除表面的杂质和污染物，机械处理不仅改善了表面的活性，还提供了更良好的接触条件。这对于后续的表面修饰和涂覆等工艺步骤至关重要。机械处理在碳纤维应用中的作用不仅在于表面形态和粗糙度的改良，更在于为后续的表面修饰和功能化提供了理想的基础。这种直观而灵活的表面处理方法为碳纤维在复合材料和其他领域中的广泛应用打下坚实的基础。

## 一、砂纸磨砂

砂纸磨砂是一种简单而有效的机械处理方法，常用于调整碳纤维表面的粗糙度，从而增加其表面能量和改善与基体的黏附性。这一过程涉及以下关键步骤：选择适当颗粒大小的砂纸是关键的。砂纸的颗粒大小决定了最终表面的粗糙度。通常，通过逐渐使用颗粒较大的砂纸，再转换到颗粒较小的砂纸，可以实现逐步精细化的磨砂过程。将选定的砂纸贴附在碳纤维表面。这可以通过手工操作或者机械夹持设备来完成。保证砂纸均匀贴附在整个碳纤维表面，确保整体的处理效果均匀一致。施加适当的力进行摩擦。在施加力的过程中，砂纸的颗粒将物理性地切削碳纤维表面，形成微观凹凸。这一过程既提高了表面粗糙度，也为后续的表面修饰提供了更多的活性位点。通过摩擦，碳纤维表面的微观结构发生改变，形成了更多的凹陷和凸起。这不仅增加了表面积，也为化学性质的调整创造了更多可能性。砂纸磨砂的效果在一定程度上决定了后续处理步骤的成功与否。

砂纸磨砂是一种经济且易操作的机械处理方法，为碳纤维表面的初步改良提供了简便有效的途径。通过这一步骤，碳纤维可以获得更具活性和黏附性的表面，为其在复合材料等领域的广泛应用打下了基础。

## 二、气流研磨

气流研磨是一种精密而高效的机械处理方法，广泛应用于对碳纤维表面进行微观和纳米级改良。该方法通过利用高速气流中的携带磨料颗粒，能够在相对短的时间内实现对碳纤维表面的精细打磨。将碳纤维置于气流中。这可以通过将碳纤维置于处理室或通过传送带等方式进行。确保碳纤维的表面充分暴露在气流中，为后续的研磨提供足够的接触面积。通过喷嘴产生高速气流。气流中携带着微小的磨料颗粒，这些颗粒在气流的作用下获得较高的速度。喷嘴的设计和气流的控制是确保磨料颗粒均匀分布并能够有效冲击碳纤维表面的重要因素。磨料颗粒冲击碳纤维表面，实现微观和纳米级的打磨。这一过程中，气流的速度和磨料颗粒的大小决定了最终表面的粗糙度和形态。相对于传统的机械处理方法，气流研磨更为精密，能够实现更加细致的表面改良。气流研磨的优势之一在于其高效性。由于采用了高速气流，磨料颗粒的冲击频率较高，可以在相对短的时间内完成对碳纤维表面的处理，提高了生产效率。气流研磨不仅能够改良表面的粗糙度，还有助于形成更多的活性位点。这些位点在后续的表面修饰和涂层等工艺中起到关键作用，增强了碳纤维与基体之间的黏附性。气流研磨作为一种高效而精密的表面处理方法，为碳纤维在复合材料等领域的应用提供了更加灵活和先进的选择。通过这一技术手段，碳纤维可以获得更为细致和活性的表面，为其在不同应用场景中展现出更优越的性能奠定了基础。

## 三、高能球磨

高能球磨是一种通过将材料与磨料球一同放入球磨罐，通过球磨球的高速旋转实现研磨的机械处理方法。在碳纤维的处理中，高能球磨被广泛应用，可以引入纳米级的结构，从而提高表面的活性。将碳纤维与磨料球一同放入球磨罐。磨料球的选用和数量的调控是影响最终效果的关键因素之一。通常，球磨罐内的材料比例需要经过精确的设计，以确保充分的磨料球碰撞和对碳纤维的有效研磨。随后，启动球磨罐的高速旋转。通过机械设备的作用，球磨罐内的磨料球开始高速旋转，产生高能的冲击和剪切力。这些力量将传递到碳纤维表面，导致其微观结构的改变。高能球磨的一个显著特点是其能够引入纳米级的结构。在磨料球的作用下，碳纤维表面可能发生断裂、撕裂和冷焊等过程，形成更为细小的结构特征。这种结构的引入增加了表面积，提高了表面活性，为后续的表面改性提供了更多可能性。由于高能球磨的作用，碳纤维表面的晶体结构也可能发生改变。这种结构上的变化可能导致碳纤维具有更优异的性能，例如更好的导电性能和机械性能。高能球磨的优势之一在于其对材料进行全方位的处理，可以在相对短的时间内实现对碳纤维表面的全面改良。同时，球磨过程中的高温和高能量输入也有助于激发碳纤维表面的潜在反应活性，为后续的表面修饰提供更多可能性。高能球磨作为一种高效的机械处理方法，为碳纤维表面的微观结构和纳米级特征的引入提供了有力手段。通过这一技术手段，碳纤维可以获得更为精细和活性的表面，为其在复合材料等领域的应用提供了更广阔的发展空间。

### 四、纳米涂层

纳米涂层是一种通过在碳纤维表面喷涂或浸渍含有纳米颗粒的溶液而形成的表面处理方法。这种涂层的目的是通过引入纳米级颗粒，改变碳纤维表面的结构和性质，以提高表面的微观和纳米级结构，从而增强表面的化学活性和黏附性。准备含有纳米颗粒的涂层溶液。这可以通过将纳米颗粒分散在溶剂中，并添加适当的分散剂和表面活性剂来实现。选择的纳米颗粒类型和大小将影响最终涂层的性质。采用喷涂或浸渍的方式将溶液施加到碳纤维表面。喷涂是通过将涂层溶液喷洒在碳纤维表面，形成均匀的涂层。而浸渍则是将碳纤维浸泡在涂层溶液中，使其充分吸收涂层成分。纳米涂层的关键在于纳米颗粒的选择。不同类型的纳米颗粒具有不同的性质，可以实现对表面结构和性能的特定调控。例如，纳米氧化物、纳米金属或纳米陶瓷等颗粒可以引入新的功能性质，如增强导电性、提高耐腐蚀性等。通过引入纳米颗粒，纳米涂层可以在碳纤维表面形成更为细致和活性的结构。纳米颗粒的小尺寸使其能够填充碳纤维表面的微观缺陷和孔隙，增加表面积，提高表面的活性位点密度。纳米涂层还可以改善碳纤维的化学活性。纳米颗粒的高比表面积和特殊的表面化学性质使得碳纤维表面能够更有效地参与化学反应，增强其在复合材料中的黏附性和相容性。纳米涂层作为一种高度可控的表面处理方法，通过引入纳米颗粒，有效地改善了碳纤维表面的微观和纳米级结构，提高了表面的化学活性和黏附性。这为碳纤维在各种应用中的性能提升和多样化应用提供了新的可能性。

## 第二节　化学处理

化学处理作为一种重要的表面改性手段，旨在通过引入化学活性基团或改变表面的化学结构，从而显著改善碳纤维的表面性质。这一过程对于提高表面能量、增强化学反应性，进而提升碳纤维与其他材料的黏附性具有关键作用。化学处理的基本思路是通过在碳纤维表面引入特定的化学官能团，如羟基（—OH）、羰基（—C═O）、胺基（$—NH_2$）等，以增加表面的官能团密度。这一步骤通常需要进行表面清洁，以去除表面的杂质和污染物，确保后续的处理能够充分接触到碳纤维表面。活化处理是化学处理过程中的关键步骤之一。通过氧化、硝化或氨基化等方法，可以在碳纤维表面引入更多的活性位点，提高其反应活性。这有助于为后续的化学官能团引入奠定基础，增强与其他材料的黏附性。随后的步骤涉及引入具有特定官能团的化合物。这可以通过溶液浸渍、气相沉积等方法实现，选择性地引入不同种类的官能团，以满足特定应用的需求。在此过程中，需要确保化学官能团能够牢固地附着在碳纤维表面，通常需要进行交联反应，以提高官能团的稳定性。完成化学处理后，对碳纤维表面的性能进行全面测试是必不可少的。这包括表面能量的测定、官能团密度的分析、黏附性能的评估等。这些测试有助于验证化学处理的效果，确保碳纤维具备更优越的表面性质。化学处理作为一项精密的表面改性技术，为碳纤维赋予了更为多样化的化学性质，拓展了其在不同领域的应用。通过提高表面能量和黏附性，化学处理为碳纤维在复合材料、涂层、电子器件等领域的广泛应用奠定了坚实的基础。

## 一、氧化处理

氧化处理是一种常用的碳纤维表面化学处理方法，其主要目的是通过引入氧官能团，如羟基和羰基，来增加碳纤维表面的亲水性和活性。这种方法在改善碳纤维表面性质、增强与其他材料的黏附性，以及提高化学反应性方面具有显著的效果。在氧化处理过程中，常用的氧化剂包括酸性或碱性过氧化氢（$H_2O_2$）、酸性氮氧化物等。这些氧化剂通过反应与碳纤维表面，引发氧化反应，将部分碳原子转化为含氧官能团。这些氧官能团的引入使得碳纤维表面变得更加亲水，同时提高了表面的化学反应活性。在酸性或碱性过氧化氢的氧化处理中，过氧化氢分子会与碳纤维表面的碳原子发生反应，形成羟基（—OH）官能团。这些羟基既增加了表面的亲水性，也提供了与其他含氢官能团的物质发生反应的可能性，从而改善了与其他材料的黏附性。另一方面，酸性氮氧化物也是一种常用的氧化剂。在这种处理中，氮氧化物会与碳纤维表面的碳原子发生反应，形成羰基（—C═O）官能团。羰基的引入不仅提高了表面的亲水性，还增加了碳纤维表面的活性，使其更容易与其他材料结合。氧化处理是一种有效的碳纤维表面改性方法，通过引入含氧官能团，成功地改善了表面的亲水性和活性。这种处理为碳纤维在复合材料、涂层、电子器件等领域的应用提供了更好的性能和适应性。

## 二、硝化处理

硝化处理是一种重要的碳纤维表面化学处理方法，通过使用硝酸等硝化剂，将碳纤维表面的碳原子引入硝基官能团，从而提高表面的反应活性。这种方法在改善碳纤维的表面性质、增强与其他材料的黏附性及提高化学反应性方面具有显著的效果。在硝化处理的过程中，硝酸等硝化剂与碳纤维表面的碳原子发生反应，形成硝基官能团。

硝基的引入使得碳纤维表面发生结构变化，同时引入了含氮官能团，提高了表面的反应活性。这种处理方式可通过以下步骤实现。碳纤维通常先浸渍在硝酸或含硝酸的溶液中，确保硝酸能够充分接触到碳纤维表面。硝酸中的硝离子与碳纤维表面的碳原子发生反应，形成硝基官能团。这个反应是一个氧化过程，使得碳原子上的电子数目发生变化。处理后的碳纤维需要经过充分的洗涤步骤，以去除残留的硝酸或反应产物，确保处理后的表面干净。硝化处理的结果包括碳纤维表面的化学结构改变和硝基官能团的引入。硝基官能团的引入增加了表面的极性和反应活性，使得碳纤维更容易与其他材料结合，提高了复合材料的黏附性。此外，硝基官能团的存在还为进一步的化学修饰提供了可能性，拓展了碳纤维的应用领域。

## 三、氨基化处理

氨基化处理是一种重要的碳纤维表面化学处理方法，利用胺类化合物，如氨气、乙二胺等，引入胺基官能团，从而增加表面的化学反应性。这种方法在改善碳纤维的表面性质、增强与其他材料的黏附性，以及提高化学反应性方面具有显著的效果。在氨基化处理的过程中，胺类化合物与碳纤维表面的碳原子发生反应，引入胺基官能团。这个反应使得碳纤维表面发生结构变化，同时引入了含氮官能团，提高了表面的反应活性。氨基化处理通常包括以下步骤。选择合适的胺类化合物，例如氨气或乙二胺，作为处理时的反应试剂。将碳纤维暴露在胺类化合物的气氛或溶液中，使得胺类化合物与碳纤维表面的碳原子发生反应。这个过程可能需要一定的温度和时间控制。反应后，碳纤维表面引入了胺基官能团，使得表面的性质发生改变。处理后的碳纤维需要经过充分的洗涤步骤，以去除残留的胺类化合物或反应产物，确保处理后的表面干净。氨基化处理的结果是在碳纤维表面引入了胺基官能团，增加了表面的极性和反应活性。这种改性使得碳纤维更易于与其他材料结合，提高了复合材料的黏附性。此外，胺基官能团的引入还为进一步的化学修饰提供了可能性，拓展了碳纤维的应用领域。

## 四、酰化处理

酰化处理作为一项关键的碳纤维表面改性技术，通过引入酰基官能团，极大地改善了碳纤维的表面性质，为其在复合材料等领域的应用打开了新的可能性。这种处理方法采用酰化剂，如酸酐或酰氯，实现对碳纤维表面的有针对性改性，具有以下显著效果：酰化处理显著增强了碳纤维与其他材料的黏附性。通过引入酰基官能团，碳纤维表面的化学亲和力得到提高，使得其更容易与不同性质的材料相结合。这对于制备高性能的复合材料至关重要，确保各组分之间的牢固结合，从而提升整体材料的性能。酰化处理提高了碳纤维表面的能量。引入酰基官能团后，表面的极性增强，导致表面能量的提升。这对于提高表面活性、增强润湿性及改善涂覆、黏合等工艺具有积极的影响，从而进一步拓展了碳纤维在不同领域的应用范围。酰化处理还显著增强了碳纤维表面的化学反应性。酰基官能团的引入使得碳纤维表面更容易参与各种化学反应，为后续的功能化修饰提供了更多可能性。这对于实现碳纤维的多样化应用，如在传感器、催化剂等领域发挥其潜力，具有重要意义。酰化处理作为一种精准、有效的表面改性手段，为碳纤维赋予了更为优越的性能和更广泛的应用前景。其在提高黏附性、表面能量及化学反应性方面的显著效果，使其成为碳纤维工业应用中不可或缺的重要工艺。

## 五、硫化处理

硫化处理是一种精密而有效的碳纤维表面改性方法。第一，选择合适的硫化剂。在硫化处理中，硫醇或二硫化碳常常被选用作为硫化剂。这些硫化剂能够与碳纤维表面发生化学反应，引入硫基官能团，从而实现表面性质的改善。第二，准备硫化处理的工作环境。在进行硫化处理之前，需要搭建合适的实验装置或工业生产线，确保在控制的环境中进行硫化反应。这包括对温度、湿度等环境因素的严格控制，以确保硫化反应的准确性和可控性。第三，将碳纤维置于硫化剂中。碳纤维通常以纤维束或片状形式存在，这些材料在硫化处理前需要被适当处理和准备。将碳纤维放置在硫化剂中，确保每个纤维都能充分接触到硫化剂，为后续的反应做好准备。第四，进行硫化反应。硫醇或二硫化碳与碳纤维表面的碳原子发生反应，引入硫基官能团。这一过程通常需要在一定的温度和时间条件下进行，以确保硫基官能团充分地与碳纤维表面结合。第五，对硫化处理后的碳纤维进行后处理。硫化处理完成后，通常需要对产物进行进一步处理，如洗涤、干燥等步骤，以得到最终的硫化处理产物。这一后处理过程有助于去除可能残留在表面的副产物，确保碳纤维的纯净性和稳定性。

## 六、亲电性官能团引入

引入亲电性官能团是改善碳纤维表面性质的一项重要措施，通过一系列步骤可以实现对碳纤维的有针对性改性。① 选择适当的亲电性官能团。在改性过程中，需要选取具有亲电性的官能团，常见的有氨基、羟基、羰基等。这些官能团具有较强的亲电性，能够有效地与碳纤维表面发生化学反应，引入新的官能团，改变表面性质。② 准备亲电性官能团的反应溶液。将选定的亲电性官能团以适当的浓度溶解在合适的溶剂中，形成反应溶液。这个步骤旨在为后续的反应提供充分的溶剂环境，确保亲电性官能团能够均匀地覆盖碳纤维表面。③ 将碳纤维浸泡于反应溶液中。将碳纤维置于亲电性官能团的反应溶液中，确保每一根纤维都能充分浸润和接触到反应液体。这一步骤是为了让亲电性官能团充分地吸附到碳纤维表面，为后续反应创造良好的条件。④ 进行反应，使亲电性官能团与碳纤维表面发生化学反应。在适当的温度和反应时间条件下，亲电性官能团与碳纤维表面的碳原子发生反应，形成新的官能团结构。这一过程是改变碳纤维表面性质的关键步骤。⑤ 对反应后的产物进行后处理。通常包括对碳纤维进行洗涤、干燥等步骤，以去除可能残留在表面的副产物，确保改性后的碳纤维具有良好的纯净性和稳定性。

### 七、醚化处理

醚化处理是一种重要的碳纤维表面改性方法，通过引入醚基官能团，显著改善了碳纤维的表面性质，为其在复合材料等领域的应用提供了新的可能性。醚化剂是引入醚基官能团的关键物质，常见的醚化剂包括二醚、环氧醚等。选择合适的醚化剂取决于具体的改性需求，以确保产生理想的表面性质。准备醚化剂的反应液体。将选定的醚化剂以适当的浓度溶解在合适的溶剂中，形成反应液体。这个步骤旨在为后续的反应提供充分的溶剂环境，确保醚化剂能够均匀地覆盖碳纤维表面。将碳纤维浸泡于反应液体中。将碳纤维置于醚化剂的反应液体中，确保每一根纤维都能充分浸润和接触到反应液体。这一步骤是为了让醚化剂充分地吸附到碳纤维表面，为后续反应创造良好的条件。适当的温度和反应时间条件下，醚化剂与碳纤维表面的氢氧基团发生醚化反应，引入新的醚基官能团。这一过程是改变碳纤维表面性质的关键步骤。对反应后的产物进行后处理。通常包括对碳纤维进行洗涤、干燥等步骤，以去除可能残留在表面的副产物，确保改性后的碳纤维具有良好的纯净性和稳定性。

## 第三节　等离子体处理

等离子体处理是一种广泛应用于碳纤维表面改性的高效方法，通过产生等离子体并将其与碳纤维表面发生相互作用，实现对表面性质的精确控制。等离子体处理的第一步是产生等离子体。这可以通过向气体中施加高电压，使气体电离而生成等离子体。气体中的离子和自由电子形成了高能的等离子体，为后续的表面处理创造了高能量、高活性的环境。等离子体处理通常使用等离子体处理设备，其中包括真空室、气体供应系统、射频电源等。在真空室中，通过控制气体压力和电场条件，使得等离子体能够有效地与碳纤维表面发生作用。等离子体可以高效地清除碳纤维表面的有机污染物和氧化层，使表面变得更加清洁。同时，等离子体还能在碳纤维表面引入活性位点，如氢、氮、氧等，从而增加表面的活性，提高后续化学反应的效率。通过在等离子体处理中引入不同的气体，可以在碳纤维表面引入各种功能性基团。例如，氮气等气体可以引入氮官能团，增强表面的亲水性和活性。这种精确控制的基团引入使得等离子体处理成为调控碳纤维表面性质的强大工具。等离子体处理不仅能够改善碳纤维表面的活性，还能提高其与其他材料的黏附性。这对于在复合材料中实现更好的界面性能和整体性能至关重要。等离子体处理在碳纤维复合材料、传感器、电极材料等领域有着广泛的应用。其高度可控的特性使得等离子体处理成为碳纤维表面改性的重要手段之一。

## 一、射频等离子体处理

射频等离子体处理是一种常见而有效的表面改性方法。在这个方法中，射频电源通过射频线圈在真空室中建立高频电场，使气体发生电离，形成等离子体。这个过程产生的高能粒子和自由基能够直接影响碳纤维表面，实现多方面的表面改良。射频等离子体处理可用于表面清洁。在真空条件下，等离子体中的高能粒子和自由基能够去除碳纤维表面的有机污染物、氧化物或其他杂质，使表面更加纯净。频等离子体处理还能引入活性位点。等离子体中的高能粒子和自由基能够在碳纤维表面形成活性官能团，例如羟基、羰基等，增加表面的活性，使其更易于与其他物质发生化学反应。射频等离子体处理可实现功能性基团的引入。通过引入含有特定官能团的气体，例如氨气或甲醛，可以在碳纤维表面引入具有特定性质的官能团，从而赋予碳纤维更多的化学特性。射频等离子体处理作为一种灵活多样的表面处理方法，不仅能够清洁表面，还能够实现表面的化学改性，为碳纤维在各种应用中的性能提升提供了有力的支持。

## 二、微波等离子体处理

微波等离子体处理是一种先进的表面改性技术，利用微波电磁场在真空或气体环境中产生等离子体，从而实现对碳纤维表面的精准改良。微波等离子体处理的核心在于微波电磁场与气体分子相互作用，从而激发电离和激发，形成等离子体。微波源通过微波导管传输微波电磁场，使气体分子在高频电场作用下发生电离，产生电子和阳离子，形成等离子体。这个等离子体中包含了高能电子、活性自由基等，能够直接影响碳纤维表面。微波等离子体处理能够有效清除碳纤维表面的有机污染物、氧化物和其他杂质。在等离子体的作用下，高能电子和活性自由基能够迅速反应并去除表面的污染物，使碳纤维表面更加纯净。微波等离子体处理通过气体的吸附和等离子体反应，引入大量的活性官能团。这些官能团包括羟基、羰基等，显著提高了碳纤维表面的亲水性和活性，从而增强了其与其他材料的黏附性。微波等离子体处理不仅可以引入一般的活性官能团，还能够实现对碳纤维表面引入特定功能性基团的目的。通过选择不同的气体前体，如氨气或甲醛，可以在碳纤维表面引入具有特定性质的官能团，实现对表面性质的定向调控。微波等离子体处理具有高度精准性和高效性。微波电磁场的可调节性使得等离子体的产生和维持能够更好地控制，实现对表面处理的精确调节。微波的高频率和独特的电磁场使得等离子体的生成更为迅速和高效。相比传统的表面处理方法，微波等离子体处理更加环保。该方法在真空或气体环境中进行，无需使用大量的溶剂或产生大量的废弃物，减少了对环境的负面影响。微波等离子体处理在碳纤维及其复合材料的制备中具有广泛的应用前景。它不仅能够清洁表面、引入活性位点，还能实现精准的功能性调控，为碳纤维在各个领域的应用提供了新的可能性。在未来，随着技术的不断发展，微波等离子体处理有望成为碳纤维表面改性的主流方法之一。

## 三、电子轰击等离子体处理

电子轰击等离子体处理是一种先进而高效的碳纤维表面改性方法，它通过引入高能电子束使碳纤维表面发生物理和化学变化，从而显著提升其表面性能。这一处理方法具有精准性、可控性和环保性等优势，广泛应用于碳纤维及其复合材料的制备过程。电子轰击等离子体处理的基本原理是利用高能电子束与碳纤维表面发生相互作用。高能电子束的能量足以使碳纤维表面的分子结构发生变化，包括断裂碳–碳键和引入新的官能团。这种物理和化学的变化显著改善了碳纤维表面的活性和亲水性。在电子轰击等离子体处理中，高能电子束能够将碳纤维表面的污染物和氧化层清除，使表面更为纯净。同时，电子束还能引起表面官能团的断裂，产生大量的活性位点，如碳自由基和官能团自由基，显著提高了碳纤维的表面能量和反应活性。电子轰击等离子体处理使得碳纤维表面发生碳–碳键的断裂，形成碳自由基，进而引发与气体分子的化学反应。通过选择不同的气氛和气体组成，可以在碳纤维表面引入不同的官能团，如羟基、羰基等，实现对表面性质的有针对性改良。电子轰击等离子体处理具有极高的精准性和可控性。通过调节电子束的能量、密度和处理时间，可以精确地控制表面改性的程度，从而满足不同应用领域对碳纤维表面性能的需求。

### 四、激光等离子体处理

激光等离子体处理作为一种先进的表面改性技术，利用高能激光束与碳纤维表面发生相互作用，通过激发等离子体产生的化学反应和表面物理变化，实现对碳纤维表面性能的调控。这一处理方法具有精细控制、非接触式处理、高效性等特点，在碳纤维及其复合材料的制备和应用中显示出广阔的潜力。激光等离子体处理基于激光与物质相互作用的原理，通过选择合适的激光波长和能量密度，使激光束与碳纤维表面相互作用，产生等离子体。这些等离子体中包含高能电子和离子，可引发表面物质的化学反应和结构变化。激光等离子体处理能够有效清除碳纤维表面的杂质和氧化层，提高表面的纯度。激光束的高能量作用下，可以将表面污染物物理去除，并还原氧化层，使碳纤维表面更为洁净。通过调整激光束的能量密度和照射时间，可以实现对碳纤维表面微观结构的有针对性调控。激光作用下，表面的微小结构和纹理得以改变，进而影响表面的粗糙度和形貌。激光等离子体处理可引发碳纤维表面的化学反应，包括表面官能团的引入和分子键的断裂。这使得碳纤维表面具有更多的活性位点，增加了其与其他材料的黏附性和反应性。激光等离子体处理是一种非接触式的表面处理方法，无需实际接触到碳纤维，避免了机械处理可能引起的表面破坏。同时，激光束可以在极短的时间内完成处理，提高了处理的效率。激光束的定向性和精准性使得激光等离子体处理能够在碳纤维的特定区域进行局部处理，实现对表面性能的局部调控。这为碳纤维复合材料的设计和制备提供了更多的可能性。

## 第四节　硅化处理

### 一、化学气相沉积

化学气相沉积是一种表面处理技术，广泛用于改善碳纤维性能，提高其与其他材料的黏附性。CVD 的基本原理是利用气体中的化学物质，在表面形成均匀的薄膜，通过控制反应条件，实现所需性能的调控。在 CVD 处理开始之前，碳纤维表面需要经过一系列预处理步骤，以确保表面的清洁和活性。这可能包括物理清洗、化学清洗和表面激活等步骤，以消除任何可能影响反应的杂质或氧化物。选择合适的反应气体是 CVD 的关键，它决定了最终形成的薄膜的性质。对于碳纤维的硅化处理，硅源气体（如硅烷）通常是主要的反应气体，而其他辅助气体则可能包括氢气等。CVD 反应的温度和压力是至关重要的参数。适当的反应温度和压力有助于确保反应物在碳纤维表面均匀沉积，并形成所需的硅层。通常，高温和适度的反应压力有助于提高反应速率和均匀性。理解 CVD 反应的动力学是实现所需薄膜性质的关键。这可能涉及不同反应步骤的速率和平衡，以及反应物在碳纤维表面的吸附和扩散等过程。CVD 反应条件的微调可以影响最终硅化薄膜的特性。通过调整反应气体比例、流速、温度梯度等参数，可以实现对薄膜厚度、结晶结构和成分的控制。在整个 CVD 过程中，保持反应条件的均匀性和一致性对于薄膜的均匀性至关重要。这可以通过优化反应室设计、气体流动控制和温度分布等手段来实现。

通过精心设计和控制 CVD 处理条件，可以在碳纤维表面实现均匀且具有所需性质的硅化薄膜，从而显著改善碳纤维的性能，并增强其与其他材料的黏附性。这种表面硅化处理的成功实现有助于拓展碳纤维在不同领域的应用，提高其在复合材料和结构材料中的性能。

## 二、热处理

碳纤维表面的硅化处理热处理过程是一项精密而复杂的工程技术，通过将碳纤维暴露于高温环境中，并使用硅源物质进行处理，实现硅在碳纤维表面的渗透。这一过程的核心是通过固相反应的机制，促使硅与碳纤维表面发生化学反应，形成一层均匀的硅化层，从而改善碳纤维的性能，增强其在复合材料和其他领域的应用。热处理的首要步骤是将碳纤维置于高温环境中。这高温环境通常由炉内的特定气氛和温度控制系统共同维持。在这个过程中，硅源物质如硅烷气体，被引入反应室。硅烷分解成硅原子，这些原子与碳纤维表面的碳原子发生反应。在固相反应中，硅原子渗透到碳纤维表面，并与碳原子结合形成硅化层。这一过程是一个复杂的化学反应链，需要考虑温度、气氛成分、反应速率等多个因素。由于反应过程涉及高温条件，确保均匀性和一致性对硅化层的性质至关重要。硅化层的形成不仅改变了碳纤维表面的化学性质，还在微观层面上调整了材料的结构。硅化层通常表现出均匀致密的结构，具有较好的附着性和抗腐蚀性能。这种结构的形成提高了碳纤维的界面黏附性，使其更容易与其他材料结合，从而加强了整体材料的性能。在实际应用中，热处理的温度、时间和硅源物质的选择都是需要精心控制的因素。过高或过低的温度可能导致反应速率的问题，影响硅化层的均匀性和质量。此外，气氛中的成分也对反应的进行起到关键作用，因为不同的气氛条件下，硅烷的分解和反应特性会有所变化。碳纤维表面的硅化处理热处理是一项复杂而关键的工艺，通过高温环境中硅源物质的固相反应，实现硅在碳纤维表面的渗透，从而改善材料的性能，扩展其在不同工程领域中的应用。这一过程的成功实现依赖于对温度、气氛、反应机制等多个因素的深入理解和精确控制。

## 三、浸渍法

碳纤维表面的硅化处理浸渍法是一种有效的工艺，通过将碳纤维浸泡在硅化液体中，实现硅在纤维结构中的渗透。这一过程具有简单而可控的特点，通过后续的烘烤或其他处理步骤，使硅层固化，从而改善碳纤维的性能，为其在不同领域的应用提供了优越的性能。浸渍法是将碳纤维完全浸泡在含有硅源的液体中。这个硅源液体通常是硅烷或其他含有硅的预聚物溶液。在浸泡的过程中，硅源溶液渗透到碳纤维的纤维结构中，填充纤维表面的微观孔隙和空隙。后续处理步骤，将硅源液体中的硅进行固化。最常见的方法是通过烘烤，将浸渍的碳纤维放置在高温环境中，使得硅源中的溶剂挥发并硅进行聚合，形成硅化层。这个烘烤过程是确保硅层在碳纤维表面均匀覆盖并固化的关键步骤。硅化层的形成在微观尺度上与碳纤维表面进行了有效的结合。硅源溶液的渗透使得硅在碳纤维结构中形成均匀的层，填充了纤维的微观结构。硅化层的硬度和附着性使得其在碳纤维表面形成一种保护性的覆盖层，提高了碳纤维的抗腐蚀性能和耐磨性。浸渍法的优势在于其简单性和可扩展性。这种方法不涉及复杂的设备和条件，使得工艺容易实施。此外，浸渍法可以适应不同形状和尺寸的碳纤维结构，为工程应用提供了灵活性。然而，浸渍法也需要精确控制处理参数，如浸泡时间、硅源液体成分和烘烤条件，以确保硅层的均匀性和一致性。这些参数的调整影响硅化层的厚度和性质，进而影响最终的性能表现。碳纤维表面的硅化处理浸渍法通过简单而可控的工艺，实现了硅在碳纤维结构中的渗透和硅化层的形成。这种方法在提高碳纤维性能、增强其抗腐蚀性和耐磨性方面具有潜在的应用前景。

## 四、溶胶-凝胶法

碳纤维表面的硅化处理溶胶-凝胶法是一种精密而高效的工艺，通过将硅源溶胶涂覆在碳纤维上，并通过热处理使其凝胶化，从而形成均匀的硅层。这一工艺的核心在于通过溶胶的均匀分布和凝胶的形成，实现硅在碳纤维表面的渗透，为碳纤维的性能提供优越的增强。该方法的起点是硅源溶胶的制备。硅源溶胶通常是由硅酮或硅酸酯等硅源物质与溶剂混合形成。通过控制硅源的浓度和溶剂的选择，可以调整溶胶的黏度和流动性，以适应不同形状和尺寸的碳纤维结构。碳纤维表面被均匀地涂覆上硅源溶胶。这一步骤要求技术精湛，以确保溶胶能够均匀地覆盖碳纤维的每个表面。通过浸渍或刷涂等手段，将溶胶在碳纤维表面形成薄膜，使硅源能够与碳纤维的表面有效接触。热处理将硅源溶胶进行凝胶化。这一过程中，溶剂被挥发，硅源分子开始聚合，形成硅凝胶层。热处理的温度和时间是至关重要的参数，可以调控硅层的厚度和结构。在此过程中，硅凝胶逐渐形成且附着于碳纤维表面。硅凝胶层的形成使得硅在碳纤维表面形成一层均匀而致密的保护层。这一层硅化层提高了碳纤维的抗氧化性和耐腐蚀性，从而增强了碳纤维在极端环境下的应用稳定性。溶胶–凝胶法的优势在于其对复杂形状和微观结构的适应性。由于涂覆过程可以灵活地应用于各种碳纤维形状，这种方法可以广泛应用于不同尺度和形状的碳纤维制品上。同时，通过调整溶胶的成分和热处理条件，可以实现对硅化层性质的精准控制。

## 第五节　其他表面改性技术

### 一、化学氧化

碳纤维表面的化学氧化是一种有效的表面改性方法，通过将碳纤维表面置于氧化剂的作用下，例如酸、过氧化氢等，从而在碳纤维表面形成氧化层。这一过程引入了氧元素，并导致碳纤维表面化学性质的改变，使其具有更高的表面活性和改善的黏附性。化学氧化的关键步骤之一是将碳纤维表面与氧化剂发生反应。酸、过氧化氢等氧化剂能够与碳纤维表面的碳原子发生氧化反应，形成氧化物。这一反应通常在相对较温和的条件下进行，以避免过度氧化和破坏碳纤维的基本结构。氧化层的形成带来了表面性质的显著变化。氧化层引入了氧官能团，如羟基和羧基，使碳纤维表面增加了极性官能团的数量。这种增加极性官能团的作用，使得碳纤维表面更易于与其他极性材料相互作用，提高了其润湿性和黏附性。氧化层的形成改变了表面的电荷分布。由于氧化物的引入，碳纤维表面可能带有更多的带电官能团，导致表面电性的变化。这种改变可能对碳纤维在电子设备、导电材料和涂层等应用中的性能产生影响。在氧化过程中，氧化剂的选择和浓度是影响氧化层性质的重要因素。不同的氧化剂可能导致不同类型的官能团引入，从而影响碳纤维表面的化学性质。同时，控制氧化剂的浓度和处理时间等参数，可以调节氧化层的厚度和均匀性。化学氧化方法的优势在于其操作相对简单，并且适用于不同形状和尺寸的碳纤维结构。然而，需要注意的是，过度氧化可能导致碳纤维性能的损害，因此在选择氧化剂和处理条件时需要仔细权衡。碳纤维表面的化学氧化是一种有效的表面改性方法，通过引入氧化层，改善了表面的活性和黏附性。这一改性过程为碳纤维在涂层、复合材料和其他应用中的性能提供了更多的可能性。

## 二、电化学方法

电化学方法是一种广泛应用于碳纤维表面改性的技术，其中阳极氧化和阳极电解是两种常见的方法。这些方法利用电流和电解质的作用，通过调节电极电位，实现对碳纤维表面的控制性改性，包括氧化、形成氧化物层等，从而调节其表面性质。阳极氧化是一种将碳纤维表面暴露于氧化性电解质中的电化学处理方法。在此过程中，碳纤维被作为阳极，通常是在硫酸、磷酸等含有氧化性物质的电解质中进行处理。电流通过碳纤维表面，促使表面氧化反应的发生。在阳极氧化过程中，氧化剂将碳纤维表面的碳原子氧化成氧化碳。这导致氧化物的形成，如氧化碳膜。氧化碳膜的形成改变了碳纤维表面的化学组成，并引入了羟基和羧基等官能团。这些官能团的引入增加了碳纤维表面的极性，提高了其润湿性和黏附性。

阳极电解是通过在电解液中施加电压来实现的电化学方法，其中碳纤维作为阳极，在电场中发生氧化反应。电解液中通常包含氧化性物质，如硫酸、硝酸等。通过调节电压和电流密度，可以控制碳纤维表面的氧化程度。在阳极电解过程中，碳纤维表面的氧化反应形成氧化层，增加了碳纤维表面的极性和活性。与阳极氧化相似，阳极电解也能引入羟基、羧基等氧化官能团，改变表面的化学特性。这两种电化学方法具有一些共同的优势。它们提供了对表面处理的良好控制性，通过调整电位、电流密度等参数，可以实现对氧化层的厚度和成分的精确调节。电化学方法对碳纤维的形状和尺寸适应性强，可以应用于不同形态的碳纤维结构。然而，需要注意的是，过度的氧化可能导致碳纤维性能的下降，因此在选择电解条件时需要仔细权衡。此外，处理后的碳纤维需要进行适当的后处理，以确保其性能和稳定性。

## 三、聚合物基改性

聚合物基改性是一种通过将聚合物或树脂与碳纤维表面进行化学结合的方法，以形成复合材料的工艺。这一技术旨在克服纯碳纤维在某些方面的限制，如机械性能、抗冲击性和耐磨性，通过引入聚合物基体，提升整体性能。在聚合物基改性过程中，首要任务是实现聚合物与碳纤维表面的牢固结合。这通常涉及一系列的化学反应，其中聚合物分子中的官能团与碳纤维表面的官能团发生反应，形成共价键或物理键。这种化学结合确保了聚合物基体与碳纤维之间的良好界面黏附，从而提高了复合材料的整体性能。聚合物基改性的一大优势是其对复合材料的机械性能的显著提升。聚合物基体具有出色的强度和韧性，能够有效地分散和传递外部应力，从而提高碳纤维复合材料的抗拉强度、弯曲强度和模量。这种强化效应使得复合材料在结构工程和其他领域中更为实用。聚合物基改性，碳纤维复合材料的抗冲击性也得到了显著的提升。聚合物基体能够有效地吸收和分散冲击能量，减缓冲击的传播，从而防止碳纤维的破裂和损伤。这使得该类复合材料在汽车、航空航天和体育器材等领域中得到广泛应用。在一些需要良好耐磨性的应用中，聚合物基改性同样发挥了关键作用。聚合物基体能够形成坚固的保护层，提高碳纤维表面的硬度和耐磨性。这使得碳纤维复合材料在制造耐磨性要求较高的零部件、工具和装备时具有优势。

## 本章小结

在碳纤维材料的广泛应用中，其表面处理方法对于改善性能和拓展应用领域起着至关重要的作用。本章系统地介绍了碳纤维表面处理的不同方法，包括机械处理、化学处理、等离子体处理、硅化处理及其他表面改性技术。碳纤维作为一种轻质、高强度的材料，其表面性质直接关系到其在实际应用中的表现。因此，对碳纤维表面进行科学有效的处理，不仅能够提高其性能，还能够满足特定应用的需求。不同的碳纤维表面处理方法各有特点，可以根据具体应用的需求选择合适的处理方式。机械处理简便高效，化学处理能够改变表面化学性质，等离子体处理对不同形状的纤维适应性强，硅化处理提高了纤维的耐腐蚀性能，而其他表面改性技术则为碳纤维的多样化应用提供了更多可能性。在实际应用中，可以根据具体情况选择或组合这些方法，以实现碳纤维表面性能的全面提升。这些表面处理方法的不断发展与创新将进一步推动碳纤维材料在未来的广泛应用。

# 第三章　界面区域的微观结构与化学成分

## 引　言

本章将深入研究碳纤维复合材料中至关重要的界面区域，关注其微观结构与化学成分的形成、作用机理，以及结构演变等关键问题。界面区域作为纤维增强相和基体材料相互连接的纽带，对于整个复合材料性能的塑造至关重要。通过对界面的深入探究，揭示其微观特征与化学特性的复杂关系，为进一步优化碳纤维复合材料性能提供深入理解和科学指导。界面的形成直接影响着复合材料的性能，因此对其形成机制的深入研究具有重要意义。本章会探讨碳纤维与基体材料之间的相互作用，包括物理吸附、化学键结及可能存在的有机涂层等形成界面的关键过程。目标是为后续对界面区域微观结构和化学成分的详细分析奠定基础。在理解界面区域的化学成分方面，运用界面能谱分析（EDS）技术能够提供元素的分布、相对含量及可能的化合物信息。通过 EDS 分析，深入了解碳纤维表面和基体材料之间的元素交互，为理解界面的化学成分提供定量化的支持。通过深入剖析碳纤维复合材料中的界面区域，本章旨在揭示其微观结构与化学成分的关系，为改善复合材料性能提供深刻的认识。通过对形成机制、作用机理、显微结构和化学成分的综合分析，为未来碳纤维复合材料的设计、制备和应用提供有力的理论支持。

## 第一节　界面的形成

碳纤维复合材料的性能直接受制于其中的界面形成过程，这是一个极为复杂而又至为关键的步骤。这一过程直接决定着碳纤维增强相与基体材料之间的连接质量，从而深刻地影响整体材料的力学性能、热学性质及抗环境侵蚀等关键性能指标。界面形成的成功与否，以及形成的方式，对碳纤维复合材料的性能提升具有深远的影响。通过物理吸附、化学键结、有机涂层的引入及热处理等多重机制的相互作用，碳纤维与基体之间的连接逐渐得以强化，为复合材料提供了坚实的基础。这一过程的深入理解和精准控制将为设计和制备高性能碳纤维复合材料提供重要的指导和依据。

## 一、物理吸附

物理吸附是碳纤维与基体材料初步接触的关键阶段，其在界面形成过程中发挥着至关重要的作用。这一阶段标志着碳纤维复合材料中初步连接的建立，是后续更强大连接的基础。在物理吸附的过程中，基体材料中的分子或原子通过吸附力与碳纤维表面相互作用，形成临时性而相对较弱的连接。碳纤维表面的特殊性质使得物理吸附成为可能。其高表面积、多孔结构及丰富的官能团提供了理想的吸附位点，使得基体材料中的分子能够在碳纤维表面附着。这种物理吸附的连接方式是暂时的，主要由范德华力、静电力等弱而短程的相互作用力驱动。物理吸附的最初阶段发生在碳纤维与基体材料首次接触的瞬间。基体材料中的分子或原子通过热运动等机制进入碳纤维表面的微观结构中，与碳纤维表面的官能团发生相互作用。这种吸附是相对临时的，因为其能力有限，不足以提供稳定的结合。这是因为范德华力等弱相互作用力在碳纤维表面仅能维持短暂的连接，无法长时间保持结合强度。尽管物理吸附力相对较弱，但它对于建立碳纤维与基体之间的初步连接至关重要。这种初步连接为后续更强大的化学键结和其他强化机制奠定了基础。物理吸附为后续阶段的界面形成提供了时间窗口，使得基体材料与碳纤维表面得以更深入、更全面地相互作用。物理吸附的特点也决定了它的相对短暂性。随着界面形成的深入，后续的化学键结、有机涂层和热处理等机制将逐渐取代物理吸附，使得碳纤维与基体之间的连接变得更为牢固和稳定。在整个界面形成过程中，物理吸附作为连接的最初步骤，为后续更复杂的界面结构的建立提供了关键的初始平台。

## 二、化学键结

随着碳纤维与基体材料之间物理吸附的初步建立，界面的进一步形成涉及更强大的连接力，主要通过化学键结的形成。这一阶段是界面形成过程的重要转折点，标志着连接机制从相对短暂的物理吸附转向更为牢固和稳定的化学键结。

在化学键结的过程中，碳纤维表面的特定官能团或活性基团发挥着关键的作用。这些官能团可以包括羟基、胺基或酸基团等，其存在为化学键结的形成提供了理想的化学反应场所。不同的官能团可能参与到共价键、离子键或氢键等多种化学键结中，形成不同类型的化学连接。共价键是一种非常强大而稳定的连接方式。在界面形成过程中，碳纤维表面的官能团可以与基体材料中的官能团发生共价结合，形成共价键。这种连接方式具有高度的稳定性和耐久性，因为共价键的形成涉及原子间的电子共享，使得连接更为紧密。离子键是通过电荷间的相互吸引而形成的连接。在碳纤维与基体之间存在电荷差异的情况下，它们可能发生离子键结，产生较强的连接力。这种连接方式通常表现为一个物质失去电子而变成正离子，而另一个物质获得电子变成负离子，从而形成离子键。氢键则是通过氢原子与较电负的原子（通常是氧、氮或氟）之间的相互作用而形成的连接。碳纤维表面的官能团中可能包含有氢原子，与基体材料中的电负原子形成氢键。虽然氢键相对较弱，但其在提供相对稳定的连接同时也能够保持一定的灵活性。化学键结的形成极大地加强了碳纤维与基体之间的连接，提高了界面的稳定性和牢固性。这种连接方式为碳纤维复合材料提供了更强大的力学性能、更耐高温和耐腐蚀的特性。化学键结的引入使得碳纤维与基体的结合不再仅仅依赖于物理吸附，而更为深入、更为持久。这一阶段的界面形成为碳纤维复合材料的整体性能提供了坚实的基础。

## 三、有机涂层

为了提高碳纤维与有机基体的相容性及增强界面的稳定性，引入有机涂层成为界面形成过程中的一项关键策略。有机涂层的引入不仅填充了碳纤维表面的微观孔隙，减缓了湿气和有机基体的渗透，还通过提供额外的官能团，促进了更多化学键结的形成，从而进一步强化了碳纤维与基体之间的连接。碳纤维表面的微观结构通常包含孔隙和不规则的表面特征，这些结构可以降低表面的密封性，导致湿气和有机物质易于渗透，从而影响到界面的质量和性能。有机涂层的引入有效地解决了这一问题。有机涂层具有优异的填充性能，它们可以填充碳纤维表面的微观孔隙，减缓外部湿气、水分和有机基体的侵入，从而防止湿气引起的腐蚀及有机基体的渗透，进一步保护碳纤维。同时，有机涂层的引入提供了额外的官能团，这些官能团在碳纤维表面具有较高的反应活性。这使得有机涂层成为在界面形成过程中催化化学键结形成的媒介。这些官能团可以与碳纤维表面的活性位点以及基体材料中的官能团发生化学反应，形成更强大的共价键结。因此，有机涂层不仅提高了碳纤维表面的密封性，还在一定程度上促进了更为稳定和牢固的界面结构的形成。有机涂层的引入不仅是为了提高碳纤维与基体的相容性，还为整体材料的性能提供了多重改进。它的使用不仅增强了界面的稳定性，还在一定程度上提高了碳纤维复合材料的耐腐蚀性和耐环境侵蚀性。有机涂层作为界面形成过程中的重要步骤，为碳纤维复合材料的性能提升和应用拓展提供了有力的支持。

### 四、热处理

碳纤维复合材料制备过程中的热处理阶段是一项至关重要的步骤，其在整个界面形成过程中发挥着关键的作用。在高温环境下，碳纤维表面的官能团和有机涂层经历热解或反应，形成更为稳定的界面结构，从而显著提高了碳纤维与基体之间的结合强度和稳定性。高温环境下，碳纤维表面的官能团可能经历热解反应，导致分子内部键的断裂和重新排列。这种热解过程可能导致碳纤维表面形成新的官能团，或者改变原有官能团的结构，从而影响其与基体的相互作用。同时，有机涂层中的有机物质也可能经历热分解，释放出挥发性物质，从而改变涂层的性质。这些变化在形成更为稳定的界面结构方面发挥着关键作用。热处理的一个关键效应是促使碳纤维表面官能团与基体材料中的官能团更加紧密地结合。高温下，官能团的反应活性通常会增强，使得它们更容易发生化学反应。这种情况下，碳纤维表面的官能团与基体材料中的官能团之间的化学键结更为牢固，从而提高了整体界面的稳定性和强度。热处理还能够促使界面结构的重新排列和再结晶，进一步强化连接。在高温下，碳纤维表面的晶体结构可能发生变化，使得表面更加致密、有序。这种再结晶过程有助于提高碳纤维的力学性能，并使其更适应与基体材料的紧密结合。热处理是整个界面形成过程中的关键步骤，其作用不仅在于改善碳纤维表面的化学性质，还包括对有机涂层的热分解和界面结构的重新排列。通过这一步骤，碳纤维与基体之间的连接得以进一步强化，提高了碳纤维复合材料的整体性能，尤其是在高温和高负荷环境下的稳定性。热处理因此成为优化碳纤维复合材料性能的不可或缺的环节。

## 第二节　界面的作用机理

碳纤维复合材料中的界面是一种复杂而至关重要的区域，其作用机理涉及多方面的物理和化学过程，对整体材料的性能产生深远的影响。界面的性质和质量直接决定了碳纤维复合材料在力学、热学和耐久性等方面的表现。碳纤维复合材料中的界面作用机理是一个多层次、多因素的复杂过程。通过理解和精确控制界面的性质，可以最大程度地优化碳纤维复合材料的性能，使其在各种应用场景中发挥出色的功能。

## 一、传递载荷和应力分布

在碳纤维复合材料中，界面起到了关键的作用，特别是在传递载荷和应力分布的过程中。碳纤维作为增强相，具有出色的拉伸强度和模量，然而，其性能的有效发挥取决于碳纤维与基体材料之间的界面质量和性质。碳纤维在复合材料中主要承担拉伸载荷。当外部载荷作用于复合材料时，这些载荷首先通过基体材料传递到碳纤维表面。界面的作用机理在于确保这些载荷能够有效地传递到碳纤维中，充分发挥其高强度特性。界面的强化机制有助于防止载荷在界面处的局部集中，从而保证了整个复合材料的拉伸性能。良好的界面结合有助于实现载荷在复合材料中的均匀分布。碳纤维复合材料通常在多方向受力，而这就要求载荷能够平衡地分布在碳纤维网格中。强大的界面连接确保了载荷能够在碳纤维之间均匀传递，避免了局部应力过大导致的材料破坏。这种均匀分布的载荷传递是碳纤维复合材料取得高强度和高模量的关键因素之一。在外部施加载荷时，碳纤维的应力分布也受到界面的影响。强有力的界面结合能够有效地分担碳纤维的应力，防止局部应力集中，从而提高了整个复合材料的韧性。优秀的界面还能够防止裂纹的产生和扩展，进一步保障了碳纤维复合材料的力学性能。碳纤维复合材料的力学性能还受到界面的强度和刚度的影响。强化机制的引入，例如有机涂层、化学键结等，使得界面具有更高的强度和刚度。这不仅有助于有效传递载荷，还提高了整体复合材料的弹性模量和刚性度。这种强化机制的应用使得碳纤维复合材料在高应力和高负荷环境下具备了卓越的性能表现。传递载荷和应力分布是碳纤维复合材料中界面作用的核心机理之一。通过精确调控界面的性质和结合方式，可以最大化地发挥碳纤维和基体材料的协同作用，从而实现复合材料在多方向受力下的均匀、高效性能表现。这种优化的传递载荷和应力分布机制为碳纤维复合材料在各个应用领域中的广泛应用提供了坚实的基础。

## 二、阻止裂纹扩展

在碳纤维复合材料中，阻止裂纹扩展是界面关键作用之一，其对整体材料的抗拉强度和韧性产生直接而深远的影响。碳纤维作为增强相，具有卓越的拉伸强度，然而，当外部应力作用于复合材料时，裂纹的产生和扩展常常从界面处开始。一个良好的界面能够有效地阻止裂纹的扩展。界面的质量直接关系到裂纹的起源。强有力的界面结合能够有效地抵抗外部应力的作用，防止在界面处出现微小缺陷，从而降低了裂纹的发生概率。这种强大的初始抵抗力是预防裂纹扩展的第一道防线。当裂纹在外部应力的作用下产生后，良好的界面结合能够有效地阻止裂纹的扩展。裂纹的传播路径通常从界面开始，因此，一个强有力的界面结合可以有效地将裂纹阻隔在局部区域，防止其进一步扩展。这种裂纹扩展的防止机制有助于提高复合材料的抗拉强度和韧性。在外部应力作用下，裂纹扩展往往伴随着能量释放。优秀的界面结合能够吸收和分散这部分释放的能量，从而减缓裂纹的传播速度。通过能量的分散和吸收，界面有效地减小了裂纹扩展的速率，提高了材料的韧性。强大的界面结合还能够使得裂纹在界面处发生韧性断裂而非脆性断裂。在断裂过程中，韧性断裂能够有效地消耗裂纹前进的能量，使得裂纹传播变得更为困难。这种韧性断裂机制是阻止裂纹扩展的重要手段之一。阻止裂纹扩展是碳纤维复合材料中界面作用机理的重要方面。通过确保界面的强大结合和韧性断裂特性，可以有效地提高复合材料的抗拉强度和韧性，从而使其更适用于各种高强度、高性能的应用领域。

## 三、传导热量

在碳纤维复合材料中，界面对于热性能的调控发挥着至关重要的作用。碳纤维具有卓越的热导率，而界面的质量直接影响了整体材料的热传导效率。一个优秀的界面结合能够有效地传导热量，从而实现了复合材料在高温环境下的均匀、高效导热性能。良好的界面结合有助于最大化碳纤维的热导率的发挥。碳纤维本身是一种热导率极高的材料，而其在复合材料中的作用主要是通过界面传导热量。优秀的界面结合可以确保热量从基体材料迅速传递到碳纤维表面，从而利用碳纤维高热导率的优势。这种有效的传导机制保证了整个复合材料在高温环境下具备了卓越的导热性能。界面的质量也直接影响了热量在材料中的分布。在复合材料中，可能存在不同的热传导路径，如碳纤维与基体之间的传导、纤维间的传导等。良好的界面结合能够协调这些传导路径，防止热量在局部区域的堆积。通过有效地将热量传递到整个材料中，界面确保了复合材料的温度分布均匀，防止了因温差引起的不均匀热应力，提高了整体材料的稳定性。高温环境下，界面的强化机制也有助于减缓材料的热老化过程。一些界面处理方法，如硅化处理、化学气相沉积等，不仅增强了界面结合，还能够形成稳定的热稳定层，降低材料的热膨胀系数，从而减缓了热老化引起的性能衰退。调控界面的性质，还可以实现对复合材料的导热性能的定制化。不同应用领域对导热性能的要求不同，通过调整界面的化学成分、厚度、形态等，可以实现对复合材料导热性能的精准调节，使其更好地适应特定的工程需求。良好的界面结合，碳纤维复合材料在高温环境下能够充分发挥碳纤维高热导率的优势，实现热量的均匀传递和分布。这种导热性能的提高不仅有助于提高整体材料在高温环境下的性能，还为其在航空航天、汽车制造等领域的广泛应用提供了坚实的基础。

## 四、防腐蚀和耐久性

在碳纤维复合材料中，界面的质量对于材料的耐腐蚀性和耐久性起着至关重要的作用。通过优秀的界面结合，可以有效地防止外部环境中湿气、化学物质等对复合材料的侵蚀，从而显著提高材料的使用寿命。耐腐蚀性能是界面作用的一个关键方面。碳纤维复合材料往往在恶劣的环境条件下应用，可能暴露于潮湿、酸雨、盐雾等腐蚀性气候。界面的强大结合能够有效地防止湿气渗透到复合材料内部，减缓水分和氧气对材料的腐蚀作用。特定的界面处理方法，如硅化处理、化学气相沉积等，可以形成一层稳定的保护层，进一步提高材料的抗腐蚀性能，使其能够在腐蚀性环境中长时间稳定使用。界面的耐久性直接影响了整体材料的寿命。优秀的界面结合能够抵抗外部应力、热循环和机械振动等因素的影响，保持碳纤维和基体之间的紧密结合。这对于复合材料在复杂工程环境中的长期使用至关重要。稳定的界面结合不仅能够防止裂纹的产生和扩展，还能够减缓材料老化的过程，确保其性能的长期稳定。合适的界面处理方法，还可以增强碳纤维与基体之间的黏附力，提高材料的耐疲劳性能。在动态载荷和振动环境下，材料易于发生疲劳破坏，而强大的界面结合能够有效地抵御外部振动和应力的影响，提高材料的耐疲劳性，延长其使用寿命。界面的优化设计和处理，碳纤维复合材料在耐腐蚀性和耐久性方面都能够取得显著的提升。这不仅使得复合材料更适用于恶劣环境下的应用，还降低了维护成本，为其在航空航天、汽车制造等领域的广泛应用提供了更可靠的基础。

## 五、调控界面活性

碳纤维表面的官能团与基体材料中的官能团在碳纤维复合材料中的界面处发生相互作用，形成了物理吸附和化学键结。这种界面活性的形成不仅直接影响着碳纤维复合材料的性能，还为引入更多强化机制提供了可能性，如有机涂层和化学键结等。以下将详细描述这一过程以及界面活性的影响。碳纤维表面的官能团通常包括羟基、胺基、羰基等，而基体材料中也存在类似或互补的官能团。当碳纤维与基体材料接触时，这些官能团之间发生物理吸附，形成一种弱而临时的吸附力。这种物理吸附是界面形成的最初阶段，为后续更强的界面结合奠定了基础。在物理吸附的基础上，界面处的官能团之间还可能发生更强的化学键结，如共价键、离子键或氢键等。这种化学键结在增强碳纤维与基体材料之间的结合力的同时，也为界面引入了更多的活性。界面活性的形成使得碳纤维复合材料的性能得到显著提升。在界面活性的影响下，复合材料的力学性能、热性能、导热性能等方面均得到了改善。强大的界面结合不仅可以防止裂纹的产生和扩展，提高了材料的抗拉强度和韧性，还有助于提高材料的耐腐蚀性和耐久性。同时，界面活性的提高也为后续的表面处理提供了更多的可能性，如硅化处理、有机涂层等，进一步强化了界面的性能。有机涂层是一种常见的强化机制，通过在碳纤维表面引入有机涂层，可以填充表面的微观孔隙，减缓湿气和有机基体的渗透。这不仅有助于提高界面的密闭性，防止外部介质对界面的侵蚀，还能够提供更多的官能团，促进化学键结的形成。因此，有机涂层是界面活性中常见的一种强化手段，对于改善复合材料的整体性能具有积极的作用。化学键结是界面活性的另一种重要表现形式。通过在界面处形成化学键，可以实现碳纤维与基体材料之间更为紧密的结合。这种强大的结合力不仅能够提高材料的抗拉强度，还有助于提高其导热性能。在一些高温、高负荷的应用环境中，化学键结形成的强化机制对于维持材料的稳定性至关重要。碳纤维表面的官能团与基体材料中的官能团之间的相互作用形成了复合材料中的界面活性。这种活性通过物理吸附和化学键结等方式，使得界面具有了特殊的活性和强化机制，进而显著提升了复合材料的性能。在设计和制备碳纤维复合材料时，精确调控界面活性是实现理想性能的关键之一。

## 第三节　界面扫描电子显微镜分析

界面扫描电子显微镜（SEM）分析是一种强大的表征工具，用于研究碳纤维复合材料中的界面结构和性质。SEM 分析能够提供高分辨率、表面拓扑和化学成分信息，为深入了解界面特征和性能提供了有力的支持。SEM 分析通过高分辨率的图像展示了碳纤维复合材料中的界面结构。SEM 分析可以提供表面拓扑信息，揭示碳纤维表面的形貌和特征，还可用于元素分析，通过能谱分析（EDS）附加到 SEM 系统中，可以获取元素的定性和定量信息等。界面扫描电子显微镜分析为深入研究碳纤维复合材料中的界面提供了丰富的信息。通过 SEM，研究人员可以获取高分辨率的图像、表面拓扑信息、化学成分分布及断口形貌，从而全面了解碳纤维复合材料的界面结构和性能（见图 3-1～图 3-4）。

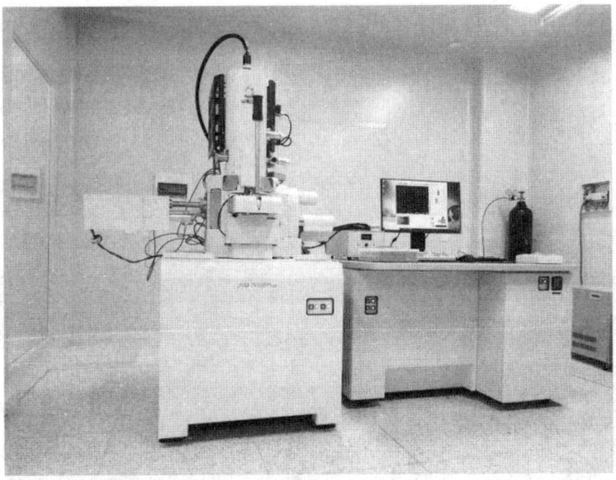

图 3-1　界面扫描电子显微镜（一）

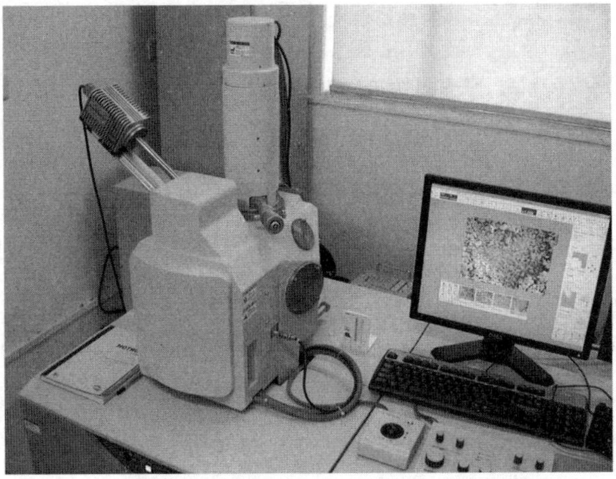

图 3-2　界面扫描电子显微镜（二）

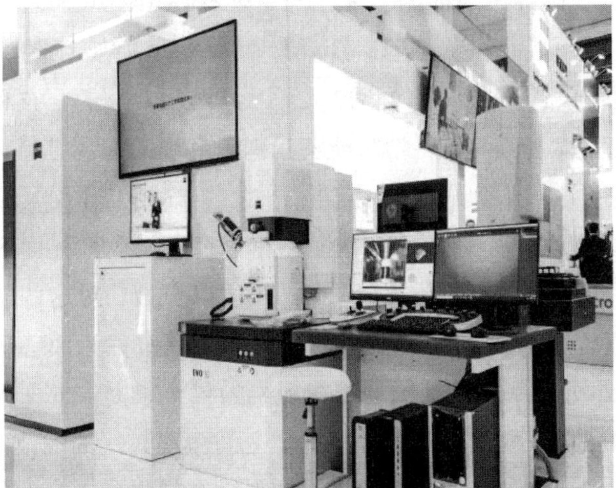

图 3-3　界面扫描电子显微镜（三）

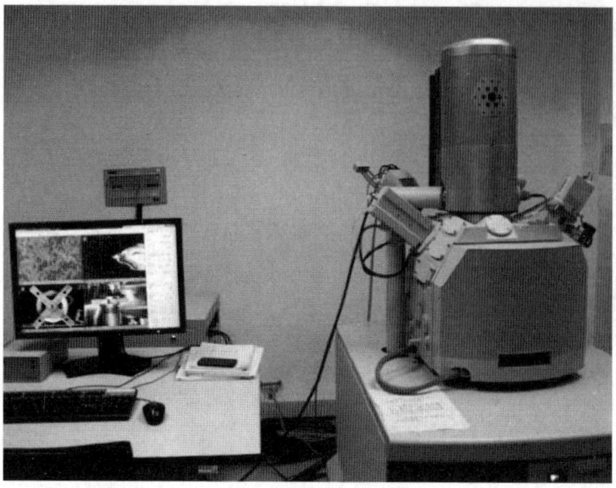

图 3-4　界面扫描电子显微镜（四）

## 一、高分辨率图像提供微观结构观察

高分辨率图像是深入观察碳纤维复合材料微观结构的利器。通过 SEM 分析获得的图像清晰而详尽，呈现出界面区域的细微特征，为科学家提供了独特的视角，使其能够深入了解复合材料的内在结构。这些高分辨率的图像展示了碳纤维与基体材料之间微观连接的细节，揭示了这些材料在原子和分子层面上的交互。通过放大镜头，可以清晰地观察到碳纤维表面的纹理、微观凹凸和可能存在的缺陷。这种观察有助于科学家理解碳纤维复合材料中界面的结构特征，为改进材料设计提供了有益的信息。高分辨率图像的观察使科学家能够深入研究碳纤维与基体之间的物理连接方式。微观结构的细致观察揭示了碳纤维表面的官能团与基体材料中的分子之间是如何相互作用的。这些微观结构的形成直接影响着碳纤维与基体之间的结合质量，对复合材料的整体性能产生深远影响。高分辨率图像还提供了对纤维和基体的分布和排列方式的详细洞察。通过观察这些微观结构，科学家能够识别出纤维的方向性排列、层状结构及可能存在的晶体缺陷。这对于理解材料的各向异性、层间相互作用及晶体结构的稳定性至关重要。在这些高分辨率图像的基础上，科学家还可以研究界面区域中可能存在的微观缺陷。这些缺陷可能包括但不限于裂纹、气孔和异物。对这些缺陷的深入了解有助于科学家预测复合材料在实际应用中可能出现的问题，并为改善制备工艺和材料性能提供关键线索。高分辨率图像的微观结构观察为科学家提供了深入研究碳纤维复合材料的机会。这些图像呈现出了碳纤维与基体之间微观连接的细节，揭示了复合材料内在结构的微妙之处。这种深入的观察为材料科学家提供了宝贵的洞察力，有助于推动碳纤维复合材料领域的研究和发展。

## 二、表面拓扑信息的获取

表面拓扑信息的获取是通过 SEM 分析实现深入研究碳纤维复合材料的关键步骤。SEM 为科学家提供了一种独特的视角，通过高分辨率的图像展示碳纤维表面的形貌和特征。这些表面拓扑信息对于理解界面的微观结构、纤维表面的形貌变化及可能存在的表面处理效果具有重要意义。通过 SEM 获得的高分辨率图像揭示了碳纤维表面的微观拓扑结构。这包括纤维的表面形状、粗糙度、纹理等方面的细节。这些微观拓扑结构直接反映了碳纤维复合材料中表面的形貌特征，为科学家提供了直观而详尽的信息。SEM 分析使科学家能够深入观察碳纤维与基体材料之间的界面区域。通过观察界面区域的表面拓扑，可以识别出可能存在的微观结构，如表面处理的效果、有机涂层的均匀性及可能的微观缺陷。这为科学家提供了了解表面处理工艺的实际效果的重要线索。表面拓扑信息的获取还使科学家能够评估碳纤维复合材料中的各向异性。通过观察不同方向上的表面拓扑结构，可以推断出材料中纤维的排列方式、层状结构及可能存在的晶体缺陷。这有助于科学家理解复合材料的机械性能、导热性能等方面的各向异性特征。表面拓扑信息的获取为科学家提供了识别可能存在的异物或不均匀性的手段。通过观察表面的微观结构，可以检测到可能存在的气孔、裂纹、颗粒等微观缺陷。这些信息对于预测复合材料的性能和耐久性具有重要的意义。表面拓扑信息的获取通过 SEM 分析提供了科学家深入了解复合材料的表面性质的机会。这种信息不仅有助于解释复合材料的整体性能，还为改进表面处理方法、优化制备工艺提供了有益的指导。表面拓扑信息的获取是 SEM 分析的关键目标之一，为科学家提供了独特而全面的视角，揭示了碳纤维复合材料表面的微观特征。这为材料科学的发展提供了重要的洞察力，推动着碳纤维复合材料领域的研究不断向前发展。

## 三、元素分析揭示化学成分分布

元素分析通过 SEM 附加的能谱分析（EDS）为科学家提供了深入了解碳纤维复合材料中化学成分分布的工具。这项技术使得科学家能够获取有关材料表面的元素信息，从而推断出界面区域的化学特性。科学家通过 EDS，能够识别出碳纤维表面和基体材料中存在的各种元素。这包括但不限于碳、氧、氮、硅等。这种元素分析提供了对化学成分的直观认识，为理解界面的化学特性奠定了基础。

元素分析揭示了元素在界面区域的分布情况。通过观察元素的信号强度和分布图，科学家能够推断出碳纤维表面与基体材料之间元素的相对含量。这为深入理解化学成分在微观尺度上的分布提供了实质性的信息。元素分析还有助于识别可能的界面反应和化学变化。通过观察元素的相对含量和位置，科学家能够判断界面区域是否发生了化学反应，例如界面处是否形成了化合物或是否存在元素的迁移。这对于理解界面的化学性质和可能的改性效果至关重要。元素分析通过定量测量元素的相对含量，为科学家提供了比较不同区域或不同样品之间的元素分布的手段。这种对比有助于科学家识别可能的异质性，即不同区域之间化学成分的差异，为深入研究复合材料的异质性提供了线索。元素分析为科学家提供了在微观尺度上研究化学成分变化的能力。通过在不同区域进行元素分析，科学家可以追踪材料表面化学成分的变化，例如在表面处理后化学成分是否发生了变化，这对于评估表面处理的效果和稳定性具有重要意义。元素分析揭示了碳纤维复合材料中化学成分的分布情况，为科学家提供了深入了解界面的化学性质的途径。这项技术不仅为材料科学的发展提供了实质性的数据支持，也为改进表面处理方法、优化界面设计提供了关键的信息。

## 四、断口形貌的观察

碳纤维复合材料的断口形貌观察是深入了解材料断裂行为和界面强度的关键手段。通过对断口形貌的详细观察，科学家能够获取关于碳纤维与基体之间结合情况、断裂模式及可能存在的缺陷的有价值信息。科学家通过断口形貌的观察，能够辨识出断裂表面的特征。这包括裂纹的形态、分支、扩展方向等方面的详细信息。不同的断裂表面形貌反映了不同的断裂机制，例如是韧性断裂还是脆性断裂。这对于评估碳纤维复合材料的力学性能提供了重要线索。断口形貌观察有助于科学家了解碳纤维与基体之间的结合质量。在断口表面，可以清晰地观察到纤维与基体的黏附状态，评估界面的牢固性和结合强度。如果在断口表面能够观察到明显的拉伸纤维，表明纤维与基体之间的结合质量良好。断口形貌的观察还能揭示可能存在的微观缺陷。通过识别裂纹起始点、扩展路径及可能的分支，科学家可以推断出在材料中存在的缺陷，如气孔、裂纹或异物。这种信息对于改进制备工艺、减少缺陷对材料性能的影响具有指导性意义。断口形貌的观察还能提供对断裂韧性的洞察。通过观察断口形貌中的纤维拉伸情况、裂纹的扩展路径，科学家可以判断碳纤维复合材料的韧性表现。这对于在工程应用中评估材料的耐久性和可靠性具有重要意义。对断口形貌的深入观察，科学家能够追踪材料在断裂过程中可能发生的变化。这包括断口形貌的演化、裂纹的传播路径变化等。这种观察为科学家提供了有关材料断裂行为动态变化的信息，有助于理解复合材料在实际工况下的性能表现。

## 五、界面处的化学成分显微分析

界面处的化学成分显微分析是深入研究碳纤维复合材料界面性质的重要手段。这项分析通过采用高分辨率的显微技术，如扫描电子显微镜（SEM）结合能谱分析（EDS），使科学家能够深入观察界面区域的化学成分，揭示了材料中微观尺度上的元素分布和相互作用。科学家通过化学成分显微分析能够在高分辨率下观察碳纤维与基体之间的界面区域。这包括纤维表面和基体之间微观化学成分的细节，为了解界面处的相互作用提供了直观的视角。这项分析不仅揭示了界面区域的元素分布，还提供了关于元素之间可能发生的化学反应的线索。化学成分显微分析有助于科学家了解碳纤维表面的功能官能团与基体材料中的官能团之间的相互作用。通过观察界面区域的化学成分，科学家可以推断表面处理效果及可能存在的化学键结。这对于深入理解界面处的化学相容性和强化机制至关重要。化学成分显微分析为科学家提供了了解界面处可能存在的元素迁移和扩散的手段。通过比较不同区域的化学成分，科学家可以推测在材料使用或加工过程中，元素是否发生了迁移，这对于预测界面稳定性和复合材料性能具有实质性的参考价值。化学成分显微分析还能够揭示界面处可能存在的微观缺陷，如气孔、裂纹或异物。通过观察元素的分布和形貌，科学家可以推断这些缺陷的类型和分布情况。这种信息对于改进制备工艺和提高材料质量至关重要。化学成分显微分析使科学家能够深入研究界面处的化学反应动力学。通过跟踪元素的分布和相对含量的变化，科学家可以了解在不同条件下，例如温度、湿度等变化时，界面处可能发生的化学反应，为材料设计和工程应用提供了实验基础。

# 第四节 界面能谱分析

## 一、原理和基础概念

在界面能谱分析（EDS）中，关键的原理和基础概念通过测量材料中 X 射线的能量分布来确定元素组成。这一分析方法的核心在于利用高能电子与材料相互作用所产生的 X 射线能谱。能谱分析是通过测量材料中发射的 X 射线的能谱来识别其中元素的方法。在 EDS 中，这一过程通常发生在扫描电子显微镜（SEM）中。当高能电子束与材料相互作用时，部分原子内的电子被激发到高能级，而后再回到基态时，释放出 X 射线。这些 X 射线的能谱包含了材料中存在的不同元素的特定能量。EDS 系统通常包括三个主要组件：能谱仪、能量分辨元件和 X 射线探测器。能谱仪的作用是测量 X 射线的能谱，而能量分辨元件用于分辨 X 射线的不同能量。X 射线探测器则负责收集和转换这些 X 射线成电信号。这个电信号会被进一步处理和分析，以得出材料中元素的种类和含量。能谱仪中的能量分辨元件是关键的组成部分，因为它决定了测量的精确性。它通过将不同能量的 X 射线分开，使得系统能够更准确地确定材料中元素的种类和浓度。

EDS 的原理在于通过电子激发材料产生的 X 射线能谱，进而利用这一能谱的特征来推断样品的元素组成。该技术在材料科学、地质学、生物学等领域中被广泛应用，为研究者提供了深入了解材料微观结构和化学组成的强有力工具。

## 二、元素定性和定量分析

在界面能谱分析（EDS）中，元素的定性和定量分析是其核心功能之一。这项分析通过测量材料中 X 射线的能谱，旨在确定样品中存在的元素类型和相对含量。通过 EDS 进行元素的定性分析是通过比较样品的 X 射线能谱与事先建立的标准能谱库进行的。每种元素在 X 射线谱上产生特征性的峰，其能量位置对应于特定元素。因此，通过观察和识别这些峰，科学家可以确定样品中存在的元素种类。这种方法特别适用于简单样品，其中元素的区分相对容易。元素的定量分析则涉及测量 X 射线峰的强度，并将其转化为相对或绝对的元素含量。在定量分析中，考虑到吸收校正和矩阵效应等因素，科学家需要建立样品与标准物质之间的校准曲线。这样的校准曲线允许将 X 射线强度转换为元素的浓度。在进行定量分析时，需要注意样品的特性，如厚度、形状等，以确保准确的结果。

在进行元素分析时，样品的复杂性和界面处可能存在的多元素情况增加了分析的难度。元素峰的重叠可能导致定性和定量分析的挑战。因此，科学家在解释结果时需要谨慎，通常结合其他分析手段，如扫描电子显微镜图像，以得到更全面的信息。尽管面临一些挑战，EDS 在元素定性和定量分析方面的优势也是显而易见的。其空间分辨率高，能够在微米尺度下进行分析，因此可以直接关注材料的局部区域，包括复合材料的界面。此外，EDS 不需要额外的样品制备，相对而言是一种非破坏性的分析技术。

## 三、空间分辨和映像分析

在界面能谱分析中，空间分辨和映像分析是其关键特点之一。这两个方面的功能使科学家能够在微观层面上观察材料的局部结构和元素分布，为深入理解复合材料、合金等提供了重要的洞察力。EDS 系统具有卓越的空间分辨率，能够在微米到纳米尺度上进行分析。这意味着科学家可以对样品进行高度局部化的化学分析，精确到不同区域的元素组成。对于复合材料的界面分析而言，这种空间分辨力至关重要，因为它使研究者能够深入研究材料中元素在界面附近的变化和分布情况。EDS 与扫描电子显微镜（SEM）结合使用时，可以生成元素分布的映像。这些映像提供了关于样品表面的详细信息，显示不同区域的元素分布情况。通过将元素分布与材料的形貌特征相结合，科学家可以更全面地理解材料的微观结构和组成。这对于研究复杂的多相材料和材料界面至关重要。EDS 的空间分辨和映像分析在许多领域都具有广泛的应用。在材料科学中，它被用于研究合金的微观组织、纳米材料的分布，以及复合材料的界面结构。在生物学领域，EDS 的高分辨率使其成为研究细胞和生物组织中元素分布的强大工具。

## 第五节　界面区域的结构演变

### 一、界面区域的形成

材料的组装和制备阶段是界面区域形成的关键时刻，这一阶段的结构演变直接决定了材料的最终性能。在多相材料或复合材料的制备过程中，不同组分之间的相互作用引发了界面区域的形成。这个过程涵盖了多种物理和化学过程，包括固相反应和液相混合等。在材料组装的初期阶段，不同的组分可能是分散的，通过固相反应或液相混合等方式，它们开始相互接触和交互。这可能涉及原子、分子、或颗粒之间的相互吸引和排斥力。在这个相互作用的过程中，材料的微观结构逐渐形成，包括界面区域的形成。对于固相反应而言，不同组分之间的原子或分子在晶格水平上发生交换，形成新的晶体结构。这可能导致在材料中形成界面区域，其中两种不同结构的材料相互交错。这些界面区域在晶体层次上的形成对材料的整体性能产生深远的影响。在液相混合的情况下，不同的材料被悬浮在液体介质中，通过扩散、溶解和再结晶等过程，它们的分子逐渐相互混合。这种混合可能导致界面区域的形成，其中液体介质与固体材料之间发生交互。这种交互影响了材料的表面性质和结构演变。在形成阶段，界面的结构演变不仅受到材料本身性质的影响，还受到制备条件的影响，如温度、压力和反应时间等。这些条件的变化可能导致界面区域的不同形态和性质。因此，对材料的组装和制备过程的深入理解对于控制界面结构、优化材料性能至关重要。

## 二、初始界面的演变

在材料的制备和组装阶段，初始界面的演变是一个关键而复杂的过程，直接影响着材料的最终性能。初始界面的形成起源于不同组分之间的相互作用，这一过程涉及多种物理和化学机制。

### （一）相互作用引导的初始界面形成

材料的不同组分在制备过程中相互作用，涉及固相和液相的复杂相互作用。例如，固相反应可能导致在两个或多个组分之间形成新的相，而液相混合则可能在材料的界面区域形成临时的化学和物理连接。这些相互作用直接影响着初始界面的结构和性质。

### （二）初始界面的晶体结构

初始界面的形成涉及晶体结构的排列和调整。不同晶体结构的组分可能通过物理吸附或其他相互作用在界面处形成临时的连接。这种晶体结构的调整可能导致局部的结晶度变化和晶粒的重新排列，从而影响材料的机械性能。

### （三）化学反应导致的演变

在初始界面形成的过程中，可能涉及一系列化学反应。这包括表面官能团的生成、原子或分子的迁移及新的键合形成。这些化学反应直接塑造了初始界面的化学成分和结构，对材料的性能产生深远的影响。

### （四）界面区域的能量调整

初始界面的演变与能量的调整密切相关。不同组分之间的相互作用导致能量的变化，例如，化学键的形成和断裂、表面能的调整等。这种能量调整影响着界面区域的稳定性和结合强度。

### （五）初始界面的非均匀性

由于制备过程中的复杂性，初始界面可能表现出一定的非均匀性。不同区域的组分浓度、晶体结构和化学状态可能存在差异。这种非均匀性可能在材料的性能中引入局部变化，需要在设计和优化过程中加以考虑。

### （六）界面区域的化学异质性

初始界面的形成还涉及化学异质性的产生。不同组分之间的界面可能表现出不同的化学性质，这可能导致在材料的使用过程中出现化学反应、腐蚀等现象，影响材料的稳定性。

## 三、热处理对界面的影响

温度是一个至关重要的演变因素，尤其是通过热处理过程，它对材料的晶体结构、晶界特性及界面区域的结构都具有深刻的影响。热处理是一种关键的材料加工方法，通过控制温度和处理时间，可以引导材料的微观结构演变，特别是对界面结构的影响十分显著。在高温条件下进行热处理可能导致材料的晶体结构发生再结晶。再结晶是一种晶体结构的重新排列过程，通过断裂、扩散和再结晶晶核的形成，可以形成新的晶体结构。对于界面区域而言，这种再结晶可能导致晶粒的重新排列，影响界面的结晶度和晶粒尺寸，进而调节材料的力学性能。热处理还可以引起材料中发生相变的现象，特别是涉及多相材料或复合材料的界面区域。相变是材料从一种晶体结构转变为另一种的过程，它可能涉及原子或分子的重新排列，导致材料的宏观性质发生显著变化。在界面区域，相变可能引发材料性能的调整，如导热性、机械强度等。晶界是晶体中不同晶粒之间的区域，其性质对材料的力学性能和稳定性有着重要影响。高温热处理可以导致晶界的结构调整，包括晶界的迁移、吸附和原子重排等。这些变化可能导致晶界的能量降低，进而改善材料的抗拉强度和韧性。在高温下，界面区域中的某些组分可能发生溶解再结晶。这种过程涉及溶质在晶格中的溶解和再结晶，可能改变材料的界面化学成分和晶体结构。这对于复合材料的性能调控至关重要，尤其是要调整界面区域的化学稳定性和机械性能。热处理还可以提高界面区域的热稳定性。通过合理的热处理过程，可以消除或减缓界面区域中的缺陷，提高晶体的结晶度，从而增加材料的热稳定性。这对于在高温环境下工作的材料尤为重要。

## 四、应力加载导致的演变

在材料受到应力加载的情况下，发生的演变是一个涉及复杂物理和力学机制的过程，直接塑造着材料的结构和性能。应力加载导致材料内部发生应变，而应变的分布是由外部施加的应力和材料的力学性质共同决定的。在这一过程中，应力从外部加载点传递到材料内部，形成了不同区域的应变分布。这种应力传递和应变分布对材料的整体性能产生了显著的影响。应力加载引起了材料的变形，其中包括弹性变形和塑性变形。在弹性阶段，材料会在加载后恢复原状；而在超过弹性限度时，材料可能发生塑性变形，形成永久性变形。这两种变形方式在应力加载过程中交替发生，对材料的耐久性和强度产生重要影响。应力加载导致了材料内部微观结构的变化。在高应力条件下，材料晶体可能发生晶格畸变、滑移或再结晶等变化，这些变化直接影响材料的力学性能和稳定性。此外，应力加载可能引发材料中的微裂纹或位错的生成和扩展。应力加载对材料的界面区域也产生显著影响。界面区域可能经历应力集中、化学反应、位移等变化，这些变化直接关系到材料的界面强度和连接性。在复合材料中，应力加载可能导致不同组分之间的相互作用变化，从而影响材料整体的性能。长时间或周期性的应力加载可能导致材料发生蠕变和疲劳现象。蠕变是在高温和应力条件下材料发生的缓慢变形，而疲劳是由于反复加载导致材料的微裂纹逐渐扩展，最终导致失效。这些现象在实际工程应用中是十分重要的考虑因素。应力加载可能导致材料中的应力分布不均匀，尤其是在复杂几何形状或非均质材料中。这可能引发应力集中效应，导致材料中的应力集中在某些局部区域，从而影响材料的疲劳寿命和断裂韧性。在材料应力加载的过程中，这些因素相互交织，共同影响着材料的性能。对于理解和优化材料的响应至关重要，尤其是在设计和制造高性能材料时，需要全面考虑应力加载引起的多方面演变。

## 五、界面区域的局部演变

在复杂材料体系中，界面区域的局部演变是一个复杂而关键的过程，直接塑造着材料的微观结构和性能。这一局部演变的过程受到多种因素的共同影响，包括物理、化学、力学等多个方面。在界面区域，物理演变主要表现为晶体结构的调整和微观形貌的变化。由于界面区域是不同组分相交汇的地方，物理演变可能涉及晶体的生长、晶界的迁移、晶格畸变等。这些变化直接影响材料的力学性能和热性能。化学演变在界面区域发挥着至关重要的作用。不同组分之间可能发生化学反应，形成新的化合物或相。这种化学演变可能导致界面区域的化学异质性，对材料的稳定性和耐久性产生深远的影响。在受到外部应力加载时，界面区域的力学演变是不可避免的。这可能包括应力集中、微裂纹的生成与扩展、位移的发生等。这些力学演变对材料的强度、韧性和疲劳性能都有直接的影响。温度是界面区域局部演变的另一个重要因素。在高温条件下，界面区域的物理、化学特性可能会发生显著的变化，例如，晶体的再结晶、界面区域的物质迁移等。这对材料的高温稳定性和热性能产生影响。局部演变过程中，微观缺陷的生成与扩展是一个重要的考虑因素。这包括位错的生成、微裂纹的扩展等。

这些缺陷在局部区域内影响着材料的强度、韧性和疲劳性能。由于局部演变的存在，界面区域的性能可能表现出明显的异质性。这种异质性在整体材料的性能中起到重要作用，需要在设计和优化材料时予以考虑。在复杂的多相材料中，理解界面区域的局部演变对于揭示材料的真实行为至关重要。这种局部演变的复杂性使得材料设计和性能优化变得更具挑战性，需要综合考虑多个方面的因素，以实现对材料性能的有效调控。

# 本章小结

本章聚焦于研究复合材料中的界面区域，深入探讨了微观结构与化学成分方面的重要内容。通过对界面的形成、作用机理、扫描电子显微镜（SEM）分析、能谱分析（EDS）及结构演变的探讨，得以全面理解材料中这一关键部分的特性与演变过程。本章首先对复合材料的界面进行了概述，强调了界面在整体材料性能中的重要性。通过引言，读者了解到微观结构与化学成分方面的深入研究将有助于揭示复合材料的内在机制。接着深入研究了界面区域的形成过程。通过讨论多相材料的组装和制备阶段，解析了不同组分相互作用形成初始界面结构的关键因素。这一节的重点是揭示形成阶段对材料性能的影响。剖析了界面的作用机理。聚焦于 SEM 分析方法，强调了高分辨率图像对于微观结构观察的重要性。详细介绍了 SEM 分析在揭示界面微观结构方面的应用，以及其在材料研究中的不可替代性。深入研究了 EDS 分析方法。通过阐述 EDS 系统的构成和工作原理，强调了其在元素定性和定量分析中的作用。旨在使读者了解通过 EDS 方法揭示界面化学成分的原理和应用。通过探讨界面区域的形成阶段、初始界面的演变、热处理对界面的影响等多个方面，提供了对局部演变过程的深入理解。旨在揭示局部演变对于整体材料性能的影响。本章对这些关键主题的研究，旨在为读者提供关于界面区域微观结构与化学成分的全面知识，为进一步的材料研究和应用提供深刻的理论基础。

# 第四章　碳纤维与聚合物基体的黏附力

## 引　言

碳纤维作为一种高强度、高模量的材料，其在复合材料中的广泛应用得益于其出色的性能。碳纤维与聚合物基体的黏附力是复合材料领域中至关重要的研究方向之一，因为这种黏附力直接关系到材料的整体性能和稳定性。在复合材料中，碳纤维作为高性能增强材料，与聚合物基体之间的协同作用对于实现材料优异的力学性能、热性能及综合性能至关重要。碳纤维的独特性质，如高强度、高模量和低密度，使其成为理想的增强材料。然而，由于碳纤维表面通常具有疏水性，这与通常疏水性的聚合物基体相比，导致了界面黏附性的挑战。因此，必须深入了解碳纤维与聚合物基体之间的黏附力机制，以优化这一关键界面的性能，从而推动复合材料的应用和性能进一步提升。黏附力的引入和优化涉及多个层面的考虑。表面能和极性的概念至关重要。碳纤维表面的极性与聚合物基体的亲和性密切相关，而通过表面处理和功能化，可以调控表面的性质，提高极性，从而增强黏附性。表面处理是改善碳纤维与聚合物基体黏附性的主要手段之一。通过化学处理、氧化或硅化等方法，可以在碳纤维表面引入更多的官能团，提高表面活性，促进与聚合物基体之间的相互作用。功能化剂的引入同样是一种有效的策略，通过引入具有亲和性的基团，增进界面的相容性。微观结构在黏附力中扮演着关键角色。碳纤维表面的微观凹凸、晶体结构等特征直接影响黏附行为，而机械锚定则是通过增加界面的物理交错点来增强黏附力的一种手段。本章旨在深入地探讨碳纤维与聚合物基体的黏附力机制，包括影响因素、改进方法及在不同环境条件下的性能表现等。

# 第一节　黏附力的影响因素

## 一、表面能和化学性质

化学性质对于碳纤维与聚合物基体的黏附力具有重要影响，其作用原理主要体现在表面官能团的类型、密度及反应活性等方面。碳纤维表面的官能团与聚合物基体之间的相互作用，直接决定了界面的相容性和黏附性。碳纤维表面的官能团类型对黏附力产生显著影响。不同类型的官能团在化学性质上表现出不同的亲和力，从而影响与不同类型聚合物基体之间的黏附。例如，碳纤维表面的羟基、胺基、酸基等官能团具有较强的亲水性，与亲水性聚合物基体相容性较好，有利于黏附的形成。相反，一些亲疏水性官能团可能更适合与疏水性聚合物基体发生黏附。官能团密度是影响黏附力的关键因素之一。较高密度的官能团意味着更多的化学反应位点，增加了与聚合物基体之间的化学键结可能性，从而提高了黏附力。通过表面处理、化学改性等手段可以调控碳纤维表面的官能团密度，实现对黏附性的调控。官能团的反应活性也直接影响着黏附力的形成。一些高度活性的官能团能够更容易地与聚合物基体中的相应官能团发生化学反应，形成稳定的化学键结。这种反应活性的调控可以通过表面处理、化学修饰等手段实现，优化碳纤维表面的反应性，从而增强黏附性。化学性质对于界面的相容性也有很大影响。相容性是指两种不同材料在界面处的亲和性，其直接关系到两者之间的黏附性。通过优化表面化学性质，使其更符合聚合物基体的特性，可以提高两者的相容性，从而增强界面的黏附性。碳纤维表面的化学性质通过官能团类型、密度和反应活性等方面的调控，直接影响着与聚合物基体之间的黏附力形成。在设计碳纤维复合材料时，需要考虑并优化碳纤维表面的化学性质，以实现与聚合物基体之间更为稳定和强大的黏附力，从而提高整体材料的性能。

## 二、微观结构

微观结构对碳纤维与聚合物基体的黏附力具有深远影响，其作用原理涉及分子层面的相互作用和材料宏观性能的调控。这种微观结构的调控可以通过表面处理、界面设计等手段来实现，直接影响着碳纤维复合材料的力学性能、热性能以及耐久性。微观结构的影响体现在碳纤维表面形貌和晶体结构上。碳纤维通常具有纤维状的形态，表面可能存在微观孔隙、凹凸不平等特征（见图 4-1）。这些表面形貌的微观结构不仅影响着表面能的大小，也直接影响着界面的实际接触面积。更为粗糙的表面可能导致更多的实际接触点，从而提高了表面的黏附性。表面形貌的调控可以通过机械处理、酸洗等手段实现，优化表面结构，提高表面的活性和相容性。碳纤维的微观结构还涉及其晶体结构和晶界特性。晶体结构的改变直接影响着碳纤维的力学性能，而晶界是影响界面黏附的关键因素之一。通过热处理等手段，可以调控碳纤维的结晶度和晶体结构，使其更适合与聚合物基体发生黏附。

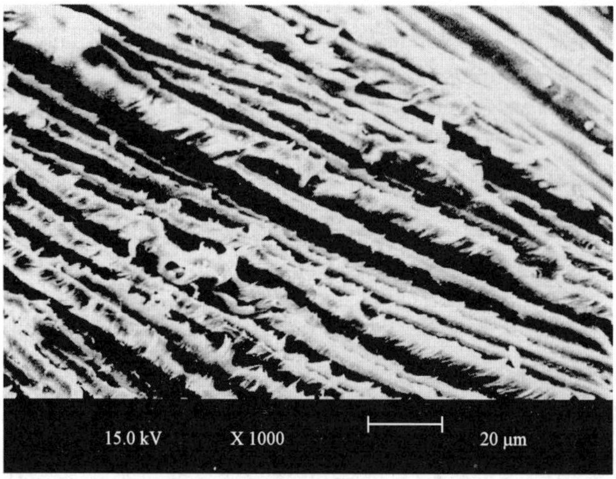


图 4-1　碳纤维微观结构（一）

在界面设计方面，微观结构的调控可以通过引入界面剂、有机涂层等手段来实现。界面剂可以填充碳纤维表面的微观孔隙，形成更为均匀的表面覆盖层，提高表面的平整度。这有助于减缓湿气和有机基体的渗透，同时提供更多的官能团，促进化学键结的形成。有机涂层的引入也能够在微观层面上调控碳纤维表面的性质，改变其亲水性、亲油性等特性，增强与不同性质的聚合物基体的相容性。微观结构调控还可以通过引入纳米级材料来实现。纳米填料的引入不仅可以调控复合材料的宏观性能，还可以在微观层面上影响界面黏附（见图 4-2～图 4-4）。纳米颗粒的引入可能改变了碳纤维表面的化学环境，影响着表面的官能团密度和分布。这对于黏附性的提高具有积极作用，因为更多的官能团意味着更多的反应位点，促进了界面化学键的形成。微观结构的调控涉及碳纤维表面形貌、晶体结构、晶界特性，以及引入界面剂、有机涂层和纳米级材料等多个方面。这些调控手段通过影响碳纤维表面的物理和化学性质，直接影响着碳纤维与聚合物基体之间的黏附力。通过精细的微观结构设计，可以实现对界面性能的优化，从而提高碳纤维复合材料的整体性能。

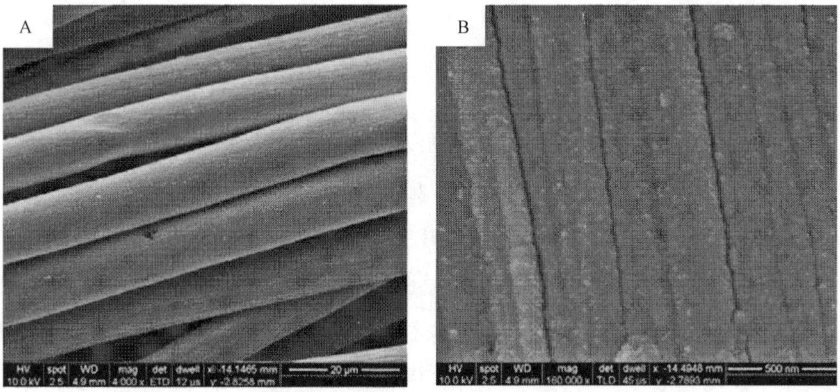


图 4-2　碳纤维微观结构（二）

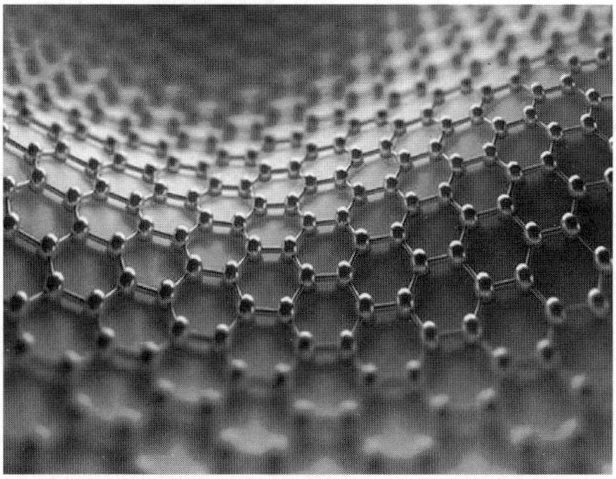

图 4-3　碳纤维微观结构（三）

图 4-4　碳纤维微观结构（四）

## 三、界面剂和功能化剂

界面剂和功能化剂在碳纤维与聚合物基体的复合材料中发挥着关键作用，对黏附力的调控起到决定性的影响。这两类物质通过调整界面的化学特性、表面能和结构形态，影响着碳纤维与聚合物之间的相互作用，从而调节了复合材料的性能和应用范围。界面剂作为一种在两相界面形成的物质，通过在碳纤维表面形成致密、连续且相容性良好的薄膜，实现了碳纤维与聚合物基体之间的良好结合。这种薄膜的形成可以改变碳纤维表面的极性和表面能，增加界面的相容性，提高黏附力。常见的界面剂包括硅烷类、钛烷类等，它们能够与碳纤维表面发生化学反应，形成稳定的化学键结构，从而增强黏附性。功能化剂作为一类具有特定官能团的化合物，能够通过在碳纤维表面引入有利于黏附的化学基团，增加与聚合物基体之间的相互作用。例如，通过在碳纤维表面引入羟基、胺基等官能团，可以形成更多的氢键和其他化学键结构，有效提高黏附力。此外，功能化剂还能调整表面的极性、增加表面能，使其更好地与聚合物基体相互作用。在实际应用中，界面剂和功能化剂的选择需根据具体的聚合物基体和工作环境来进行精确设计。适当的界面剂和功能化剂的引入可以显著改善碳纤维与聚合物基体之间的黏附性能，提高复合材料的强度、韧性和耐久性。然而，需要注意的是，过量或不当选择的界面剂和功能化剂可能会导致界面结构的过度改变，从而影响材料整体性能。因此，在设计碳纤维复合材料时，需要综合考虑界面剂和功能化剂的种类、用量和相互作用，以实现最佳的性能匹配。

## 四、应力加载

应力加载是指外部施加力或载荷于材料表面，导致材料内部产生变形和应力分布的过程。在碳纤维与聚合物基体的复合材料中，应力加载对于材料的性能和行为具有重要影响，涉及多种复杂的力学和物理过程。在应力加载过程中，外部施加的载荷会导致碳纤维复合材料内部产生应力分布的不均匀。由于碳纤维具有高强度和高模量的特性，它们能够有效地承担外部施加的拉伸或压缩载荷。碳纤维的高强度使其能够在应力加载下保持结构的完整性，而高模量则使其对应力变化有快速的响应。碳纤维与聚合物基体的黏附力在应力加载过程中发挥着重要作用。黏附力决定了碳纤维与基体之间的结合质量，直接影响着材料的整体强度和韧性。在受到外部载荷时，碳纤维与聚合物基体之间的黏附力会面临拉伸、剪切等多向应力，这对于维持界面的稳定性至关重要。优秀的黏附力有助于防止裂纹的扩展，提高复合材料的抗拉强度和韧性。应力加载还会引起碳纤维复合材料的微观结构变化。在受力的过程中，碳纤维与聚合物基体之间的相互作用会导致界面区域发生塑性变形、断裂或相变。这些微观结构变化直接关系到材料的疲劳性能、断裂行为和变形机制。应力加载是一个极其复杂的过程，牵涉到多个方面的力学响应和物理变化。对于碳纤维与聚合物基体复合材料而言，理解和控制应力加载过程是实现优异性能和可靠应用的关键。通过精确调控材料的成分、界面结构和制备工艺，可以优化应力加载下的材料性能，满足不同工程应用的需求。

## 第二节　测量方法与评估技术

### 一、拉伸试验

#### （一）拉伸试验的定义及原理

拉伸试验是一种用于测量材料受拉伸载荷时的性能的基本力学试验。在研究碳纤维与聚合物基体的黏附力时，拉伸试验提供了一种直观而有力的手段。拉伸试验是一种通过在材料上施加拉伸载荷来引起其拉伸变形，并通过测量应力和应变来评估材料力学性能的实验。在拉伸试验中，材料试样被夹在两个夹具之间，然后施加拉伸载荷，引起试样沿长度方向的拉伸。

拉伸试验的基本原理涉及应力和应变的测量。应力是单位面积上的力，而应变是材料长度相对于原始长度的变化。这两者的关系可通过应力–应变曲线来描述，该曲线显示了材料在受力时的行为。对于碳纤维与聚合物基体的复合材料，拉伸试验的原理在初始阶段试样受到拉伸时，先经历弹性阶段，即应变与应力成正比，材料在拉伸后能够恢复原状。这一阶段主要受到聚合物基体的影响。随着拉伸的继续，材料会达到一个屈服点，即开始发生塑性变形。在这一阶段，黏附力的贡献变得显著，因为碳纤维与基体之间的界面开始发挥作用。当应力继续增加，材料最终达到破坏点，即断裂。在这一阶段，拉伸试验能够反映出黏附力的强度，即碳纤维与聚合物基体之间的连接质量。拉伸试验是评估碳纤维与聚合物基体之间黏附力的重要手段。通过分析拉伸试验中的应力–应变曲线，可以了解复合材料在拉伸过程中的力学行为，包括黏附力的贡献。黏附力的强弱直接影响着材料的屈服强度、抗拉强度等性能指标。拉伸试验为深入研究碳纤维与聚合物基体的黏附力提供了基础。

## （二）拉伸试验的优缺点

1. 拉伸试验的优点

（1）直观性

直观性是拉伸试验作为一种材料性能评估方法的显著优点之一。通过在拉伸试验中测量材料在受拉伸过程中的变形和破坏，可以获得直观的信息，有助于工程师和研究人员对材料的黏附性能进行直观的评估。材料会在受到拉伸载荷的作用下发生形变，直至达到破坏点。这个过程可以清晰地展示材料的强度、延展性及破坏模式等关键性能指标。通过直观地观察实验过程，人们可以更好地理解碳纤维与聚合物基体之间的相互作用，特别是在受力过程中界面的行为。

直观性在以下几个方面体现出来。观察拉伸试验的拉伸曲线，可以直观地了解材料的强度和延展性。曲线的斜率和峰值对应于材料的屈服强度和抗拉强度，而曲线的形状则揭示了材料的延展性和破坏模式。破坏时的形态观察也提供了对黏附性能的直观认识。破坏表面的特征，如断口形貌、裂纹分布等，可以反映出碳纤维与聚合物基体之间的黏附情况。是否存在黏附失效、界面剥离或断裂等现象都能通过直观的形态分析得到初步了解。实验过程中的实时观察，可以捕捉到材料在不同加载阶段的行为变化。这包括在开始阶段的线弹性变形逐渐进入塑性变形，直至最终破坏。这种过程性的直观性有助于分析材料在实际应用中可能遭遇的各种工况下的响应。直观性是拉伸试验作为一种评估碳纤维与聚合物基体黏附性能的方法的重要特征，通过观察实验过程和结果，提供了工程师和研究人员对材料性能的直观理解，为材料设计和改进提供了重要参考。

（2）适用范围广泛

拉伸试验作为一种广泛适用的试验方法，可用于评估各种材料的性能，包括碳纤维与聚合物基体的复合材料。其广泛适用性使得拉伸试验成为一种通用的黏附性能测量手段。拉伸试验适用于多种材料。不仅可以用于金属、塑料、橡胶等传统工程材料的性能评估，也可以用于新兴材料，如碳纤维复合材料。这种广泛适用性使得拉伸试验成为一种通用的材料性能研究手段。拉伸试验对复合材料的适用性尤为显著。由于碳纤维与聚合物基体的复合材料常用于要求高强度、高刚度和轻质化的领域，如航空航天、汽车工业等，因此对其黏附性能的准确评估至关重要。拉伸试验能够直观地展示这类复合材料在受力过程中的性能表现，提供对黏附力的可靠度量。拉伸试验在不同尺度和温度条件下均可进行。从微观到宏观，从低温到高温，拉伸试验可以满足不同材料和应用场景下的测试需求。这使得它能够适应多样化的实际工程条件，为不同领域的材料性能评估提供了灵活性。拉伸试验的广泛适用性使其成为一种通用的黏附性能测量手段。无论是传统工程材料还是新型复合材料，无论是宏观尺度还是微观尺度，拉伸试验都为科学家和工程师提供了一种直观、可靠的性能评估工具。

（3）标准化

拉伸试验具有标准化的优点。标准化确保了测试的一致性和可重复性。通过明确定义的测试条件、样品准备和数据记录标准，不同实验室和组织可以获得相似的测试结果。这种一致性使得不同地点、不同时间和不同实验室进行的拉伸试验结果可以相互比较和验证，确保了测试的可靠性。标准化提高了测试的准确性。标准化方法通常包括详细的操作程序、设备要求和数据分析步骤，确保了测试的高度准确性。这对于确保获得真实、可信的材料性能数据至关重要，尤其是在工业领域和质量控制中。标准化还促进了科学研究和技术创新。当拉伸试验的方法和参数被标准化后，科研人员可以更容易地复现和扩展他人的研究。这有助于促进对新材料、新工艺和新技术的研究，推动领域的进步。标准化还为产业和市场提供了一个公正的基准。在产品开发和质量控制中，使用标准化的拉伸试验方法可以确保材料在设计和生产阶段的性能得到正确评估。这有助于制造商和消费者对材料的性能有一个共同的理解，促进了市场的透明度和公平竞争。拉伸试验的标准化通过提高测试的一致性、准确性和可比性，为材料科学、工程研究和产业应用提供了稳固的基础。这不仅有助于确保产品质量，还为科研和创新提供了可靠的测试方法和数据基准。

（4）力学性能综合评估

拉伸试验是一种多功能的力学性能评估方法，通过提供屈服强度、抗拉强度、断裂伸长率等多个参数，为对材料性能的全面评估提供了详尽的数据支持。拉伸试验通过屈服强度参数展示了材料在拉伸加载下的临界点。屈服强度是指在材料开始发生可逆形变的点，即出现最初的塑性变形。这个参数对于了解材料的弹性行为及其在实际应用中的可塑性变形提供了重要信息。抗拉强度是另一个关键的性能参数，表示在拉伸过程中材料能够承受的最大拉伸载荷。这个参数对于评估材料的强度和抗拉性能至关重要。高抗拉强度通常意味着材料在承受外部负载时更为可靠和耐用。断裂伸长率是描述材料在断裂前能够发生多大程度拉伸的参数。这个参数对于评估材料的韧性和延展性提供了关键信息。高断裂伸长率通常表示材料在断裂时能够发生更大的形变，具有更好的韧性。通过这些多个力学性能参数的综合评估，可以全面了解材料在受力下的表现。例如，一种材料可能具有较高的抗拉强度，但韧性较低，这可能意味着在极端条件下容易发生断裂。相反，另一种材料可能具有较高的韧性，但抗拉强度相对较低，适用于对韧性要求较高的应用场景。综合考虑这些力学性能参数，工程师和研究人员可以更好地选择材料，优化设计，确保材料在实际使用中能够满足特定要求。

因此，拉伸试验作为力学性能综合评估的重要手段，为材料科学和工程领域提供了深刻的见解。

2. 拉伸试验的缺点

（1）忽略界面细节

尽管拉伸试验在评估材料的整体性能方面具有许多优势，但也存在一些缺点，其中一个显著的缺陷是它忽略了界面细节。在复合材料中，碳纤维与聚合物基体之间的黏附力主要由界面的微观细节决定。然而，拉伸试验主要关注整体性能的测量，而无法提供足够详细的信息来解析界面的结构和性质。拉伸试验通常只能提供关于材料整体行为的平均值，而无法揭示在碳纤维和基体之间发生的微观变化。这一忽略界面细节的缺点限制了对复合材料实际性能的深入理解。由于拉伸试验无法分辨材料内部的微观变化，因此它不能提供有关碳纤维与聚合物基体相互作用的详细信息。这对于优化复合材料的设计和制备过程以及理解其疲劳行为等方面的工程应用具有一定的局限性。因此，为了更全面地了解碳纤维与聚合物基体之间的黏附性能，研究人员通常需要借助其他更为精细的分析技术，如显微镜、表面分析和分子动力学模拟等，以便深入探讨复合材料的界面细节。虽然拉伸试验在评估材料整体性能方面发挥着关键作用，但在探究界面微观特征时需要与其他手段相互补充。

（2）单一加载方向

拉伸试验的单一加载方向是其在真实工程应用中的一个显著缺陷。在拉伸试验中，材料被施加单一方向上的拉伸载荷，这意味着测得的性能数据仅适用于特定的加载方向。然而，在实际应用中，工程材料往往会面临多方向的应力，如拉伸、剪切、扭转等。由于拉伸试验无法模拟这些多方向应力的综合作用，因此其在预测复合材料在实际工程条件下的性能时存在一定的局限性。例如，复合材料在航空航天领域中可能会受到多方向的外部载荷，包括飞行过程中的拉伸和压缩，以及振动等多种应力情况。拉伸试验无法全面模拟这些复杂的应力状态，因此其在工程设计和性能预测中的可靠性受到挑战。在实际工程应用中，材料的性能通常需要在多个加载方向下进行评估，以确保其在各种应力条件下都能表现出良好的性能。因此，为了更全面地了解材料在多方向应力下的行为，研究人员通常采用多轴或多向加载的实验方法，如剪切测试和扭转测试，以获取更为综合和真实的性能数据。尽管拉伸试验在提供单一加载方向上的性能数据方面具有一定的优势，但在真实工程应用中，需要综合考虑多方向应力的影响，以更准确地评估材料的性能和可靠性。因此，工程师和研究人员在使用拉伸试验数据时应该意识到其在多方向应力下的局限性，并在必要时采用更为综合的测试方法。

（3）不考虑环境影响

拉伸试验在实施时通常在室温和干燥的环境条件下进行，这导致其未能考虑到湿热环境等实际应用条件对黏附性能的潜在影响。在一些工程应用场景中，材料可能会在湿润或高温的环境中工作，这种情况下黏附性能的变化可能对整体材料性能产生显著影响。湿热环境可能导致界面的物理和化学变化，例如湿气的渗透、官能团的水解等，这可能在拉伸试验未能模拟的条件下发生。因此，拉伸试验未考虑这些因素可能在某些工程应用中导致对材料性能的不准确预测。在航空、汽车等领域，工程材料可能会受到复杂的环境条件，包括高温、高湿、化学腐蚀等。在这些情况下，拉伸试验的结果可能无法完全反映材料在实际工作环境中的表现。因此，研究人员和工程师在使用拉伸试验数据时需要注意其对湿热环境等因素的敏感性，以避免对实际应用性能的过度依赖。为更准确地评估材料在复杂环境条件下的黏附性能，可能需要采用更为真实的模拟方法，如湿热老化试验，以获取更全面的性能数据。这有助于确保工程设计和材料选择能够适应实际应用中可能遇到的多样化环境条件。

（4）缺乏动态信息

拉伸试验作为一种静态试验方法，主要关注材料在静态加载下的力学性能，难以提供关于碳纤维与聚合物基体黏附性能在动态加载条件下的详细信息。在实际应用中，材料往往会受到动态加载，例如振动、冲击等，这种加载条件下的黏附性能对于材料在特定应用中的实际表现至关重要。拉伸试验通常以匀速加载进行，未能模拟实际工况中可能存在的动态变化。动态加载条件下，材料的性能可能会有所不同，包括黏附性能的变化、疲劳行为等。由于拉伸试验的静态本质，它无法提供有关这些动态行为的详细信息。在实际工程中，材料常常会遭受到复杂的多轴动态加载，例如在交通工具的运动中可能会经历振动和冲击。这使得了解材料在动态加载条件下的黏附性能变得至关重要。对于这种情况，使用更符合实际工况的动态试验方法，如冲击试验或疲劳试验，可能更具代表性。因此，在评估碳纤维与聚合物基体的黏附性能时，拉伸试验的静态性质需要与实际应用中的动态加载条件相结合，以获取更全面、真实的性能数据。采用包括动态试验在内的多种试验方法，有助于更全面地理解黏附性能在不同加载条件下的行为。

## 二、剪切试验

### （一）剪切试验的定义及原理

切试验是一种关键的实验方法，用于评估材料在受到切应力作用时的响应和性能。其原理基于牛顿的切变定律，即切应力与切变速率成正比。在进行剪切试验时，将材料样品设计成适当的几何形状，然后置于专用的剪切试验机中。通过施加垂直于样品截面的剪切载荷，研究材料在受到剪切作用下的行为，揭示其剪切性能和应力–应变关系。

剪切试验的基本原理涉及两个主要参数：剪切应力和切变速率。剪切应力是指垂直于截面的剪切力除以截面积，通常用符号 $\tau$ 表示。切变速率是指截面相对位移的导数，即截面上两点的相对位移随时间的变化率。在试验中，通过施加不同的剪切载荷，测量相应的变形，可以得到剪切应力与切变速率之间的关系，构建出材料的剪切应力–切变速率曲线。这种试验可以在不同条件下进行，包括静态剪切试验和动态剪切试验。静态剪切试验中，试样受到稳定的剪切载荷，测量相应的剪切应变。动态剪切试验模拟了实际应用中可能遇到的动态加载条件，试样经历变化的剪切载荷。这有助于更全面地理解材料在不同加载条件下的性能。剪切试验广泛应用于材料科学和工程领域。通过测定剪切强度、剪切模量、剪切应变硬化指数等参数，可以评估材料在剪切加载下的抗剪性能。这对于工程设计、材料选择和性能优化都具有重要意义。剪切试验的标准化和规范化也使得不同实验室和行业之间的试验结果更具可比性剪切试验提供了深入了解材料剪切性能的有力工具，为材料科学家和工程师提供了关键的实验数据，推动着材料研究和应用领域的不断发展。

## （二）剪切试验的优缺点

1. 剪切试验的优点

（1）真实模拟切应力条件

剪切试验的优点在于其能够真实模拟材料在实际工程中所经历的切应力条件，为多种材料和应用领域提供了深入的性能数据。这种试验方法的独特之处在于它通过施加切应力，模拟了材料在实际使用中可能遭受的切割和剪切力，从而能够揭示材料在这种条件下的性能特征。剪切试验提供了更真实的材料响应。在实际应用中，很多材料都会受到切应力的作用，比如建筑材料在地震或风荷载下的剪切应力、金属在切削和加工中的切应力等。通过进行剪切试验，能够更准确地了解材料在这些实际工况下的性能表现，为工程设计和材料选用提供有力支持。剪切试验对于不同种类的材料都是适用的。不同于一些试验方法可能只适用于某一类材料，剪切试验在金属、聚合物、复合材料等多种材料上都能够进行，这使得它成为一种通用的测试手段，广泛应用于各个工业领域。剪切试验的结果可靠性得到了标准化和规范化的支持。有关剪切试验的国际和行业标准，使得不同实验室之间的试验结果具有可比性和可靠性，从而为工程设计和质量控制提供了可靠的数据基础。剪切试验的优点在于其真实模拟切应力条件这使得它成为研究和评估材料性能的重要手段。通过对材料的剪切性能进行深入了解，能够更好地指导材料的应用和优化工程设计。

（2）揭示材料剪切性能

剪切试验是一种有效的方法，通过测量剪切应力和切变速率之间的关系，揭示了材料在切应力条件下的剪切性能。这种试验方法在多个领域中都具有广泛的应用，从金属到聚合物再到复合材料，都能够为研究人员和工程师提供有价值的数据。剪切试验揭示了材料的剪切强度。剪切强度是指材料在受到切应力作用时能够承受的最大应力水平。通过在试验中逐渐增加切变速率，观察材料的应力响应，可以确定材料的剪切强度。这对于工程设计和结构的安全评估至关重要，因为剪切强度直接关系到材料在受力条件下的稳定性。剪切试验提供了剪切模量的信息。剪切模量是描述材料在受到切应力时变形程度的参数，即单位切变产生的单位应力。通过测量剪切应力和切变速率，可以绘制出材料的应力－应变曲线，从而计算出剪切模量。这有助于了解材料在切应力条件下的变形特性，也为材料的选用和工程设计提供了基础数据。剪切试验还能够研究材料的剪切变形行为。通过观察应力－应变曲线的形状，可以了解材料在切应力作用下的变形机制，包括材料是否呈现线弹性、非线性弹性还是塑性变形。这对于理解材料的本质行为以及在实际应用中的表现具有指导意义。剪切试验通过测量剪切应力和切变速率的关系，为研究人员提供了深入了解材料剪切性能的途径。通过对剪切强度、剪切模量和变形行为的评估，剪切试验为材料科学和工程应用提供了重要的实验数据。

（3）广泛应用于不同材料

切试验是一种广泛应用于各种材料的通用测试方法。这一方法不仅适用于金属材料，还可以用于聚合物、复合材料等多种材料类型。对于金属材料，剪切试验是评估其剪切性能的重要手段。金属在实际应用中常受到各种切应力的作用，如机械装置的切割、剪切等。通过剪切试验，可以获得金属在这些切应力下的抗剪性能，包括剪切强度、剪切模量等指标。这对于金属制造业、结构工程等领域的材料选择和设计具有重要意义。对于聚合物材料，剪切试验同样是一种有效的性能评估手段。聚合物在塑料加工、橡胶制品等领域经常受到切割、剪切等应力的作用。通过剪切试验，可以了解聚合物在切应力条件下的变形行为、强度和稳定性。这对于聚合物材料的设计和应用具有指导意义，特别是在汽车、电子、医疗器械等领域。对于复合材料，剪切试验也是一种常用的测试方法。复合材料通常由不同类型的材料组成，如纤维增强聚合物复合材料。剪切试验可以揭示不同组分之间的界面黏附性能，评估复合材料在切应力作用下的整体性能。这对于复合材料在航空航天、运动器材、建筑结构等领域的应用具有关键意义。

（4）标准化和规范化

标准化和规范化在剪切试验中发挥着关键作用，为不同实验室和行业提供了统一的测试方法和准确的数据比较。剪切试验的标准和规范化可以确保不同实验室和研究机构在进行剪切试验时采用相似的测试程序和方法。这种一致性有助于保证测试结果的可比性和数据的可靠性。在国际上，有多个权威组织和标准制定机构（如 ASTM、ISO 等）发布了专门用于剪切试验的标准文件，详细规定了试验样品的准备、加载方式、数据采集等方面的操作步骤。标准化和规范化还为不同行业的工程师和研究人员提供了一个共同的语言和参考框架。在材料研究、产品设计和生产过程中，剪切试验的数据通常用于评估材料性能、设计结构、确定工艺参数等。有了标准化的测试方法，不同领域的专业人员可以更容易地理解和解释测试结果，促进了跨学科合作和知识共享。标准化还有助于确保剪切试验的可重复性和可再现性。在不同时间和地点进行的剪切试验，只要遵循相同的标准，就应该能够得到一致的结果。这对于验证和复制科学研究结果、进行质量控制以及在工程设计中进行可靠性评估都是至关重要的。标准化和规范化还为监管和法规提供了依据。在一些行业中，特别是涉及安全性和性能要求的领域，标准化的剪切试验方法常常成为法规和标准的一部分。这不仅有助于确保产品符合规定的性能标准，也为相关行业提供了强制性的质量控制手段。

2. 剪切试验的缺点

（1）不考虑多轴加载

剪切试验作为一种力学性能测试方法，在评估材料的剪切性能时具有一些局限性，其中一个主要缺点是不考虑多轴加载。在剪切试验中，通常采用的是单轴加载，即在一个方向上施加剪切应力。这种加载方式虽然能够提供有关材料在特定方向上的剪切性能信息，但却忽略了材料在多轴加载条件下的行为。在实际工程应用中，材料往往会同时受到多轴力的作用，例如同时存在拉伸和剪切应力。因此，单轴剪切试验无法全面反映材料在实际工作条件下的应力状态。在多轴加载条件下，材料的应力状态变得更为复杂，包括正应力和剪切应力的组合。而剪切试验只关注了一种应力状态，难以捕捉材料在多轴加载情况下的整体性能。这种简化可能导致在某些应用场景下对材料行为的不准确理解，从而影响了材料的设计和选用。在实际的结构工程中，材料常常会同时承受多种应力，而这些应力可能是由多轴加载引起的。例如，在飞机翼上，各个部位可能同时受到弯曲、剪切和拉伸等多轴力的作用。因此，为了更全面地了解材料在实际工况下的性能，需要考虑多轴加载条件下的剪切性能。为解决这一缺点，除了剪切试验，研究人员和工程师通常还会采用多轴试验方法，如扭转试验、三轴试验等，以更全面地了解材料在各种应力状态下的性能。这些多轴试验可以提供更全面的应力－应变数据，有助于更准确地描述材料的力学性能，从而更好地指导工程设计和材料选用。剪切试验不考虑多轴加载是其一个明显的缺点，限制了对材料在复杂应力状态下性能的全面认识。因此，在实际应用中，需要结合多种试验方法，更全面、准确地评估材料的力学性能。

（2）忽略界面细节

剪切试验在评估材料剪切性能时存在一个明显的缺点，即忽略了材料界面的微观细节。尽管剪切试验能够提供关于材料在特定方向上的剪切性能信息，但却未能深入研究材料内部微观结构对剪切性能的影响，特别是忽略了多相材料中的界面细节。在复合材料等多相材料中，材料的性能往往受到不同相之间的相互作用的影响，而这种相互作用主要发生在界面区域。然而，剪切试验主要关注整体性能，难以提供有关界面区域微观结构和化学成分的详细信息。这导致在实际应用中，对于涉及多相材料的系统，剪切试验的结果未能提供足够的洞察力，因为它未涵盖界面细节的影响。界面细节的忽略可能会在多方面对材料评估和设计产生负面影响。多相材料的界面区域常常是材料性能的瓶颈，因为不同相之间的结合质量直接影响整体性能。在剪切试验中，由于未能关注界面区域，很难解释材料在剪切加载下的实际行为，尤其是在材料存在复杂微观结构的情况下。界面细节的忽略可能导致对材料剪切失效机制的误解。在多相材料中，剪切加载可能导致在界面处的微观破坏，而这种破坏对整体性能具有重要影响。然而，由于剪切试验未能提供足够的分辨率，很难准确捕捉到这些微观破坏的细节，使得对剪切失效机制的理解变得模糊。

（3）不考虑动态加载

剪切试验的一个显著缺点是其静态性质，即它主要关注材料在静态或准静态加载条件下的剪切性能，而未考虑动态加载的影响。在实际应用中，材料通常会面临动态或变幅加载，例如振动、冲击或循环加载。这种动态加载情境在许多工程应用中是常见的，因此剪切试验的不考虑动态加载限制了其在真实工程场景中的应用性。动态加载条件下材料的行为可能与静态加载时存在显著差异，因为动态加载会导致材料发生惯性效应、疲劳行为及频率依赖性等特征。剪切试验未能捕捉这些动态加载导致的行为变化，因而无法全面评估材料在实际使用条件下的性能。在考虑不同应用场景时，动态加载的考虑变得尤为重要。例如，在飞行器、汽车或结构件中，由于振动和冲击等因素，材料常常需要在动态加载下工作。在这些情况下，剪切试验的结果可能无法准确反映材料的真实性能，因为它无法捕捉到动态加载导致的材料行为变化。为了弥补这一缺陷，研究人员通常会采用动态力学测试方法，如动态剪切测试、冲击试验等，以更全面地了解材料在动态加载下的性能。这些测试方法能够模拟实际工程中的动态加载条件，提供有关材料在高频率和变幅加载下的响应的信息。

## 三、剥离试验

### （一）剥离试验的定义及原理

拉剥离试验是一种被广泛应用于评估材料界面黏附性能的实验方法，主要在复合材料和涂层材料等领域得到应用。其核心原理是通过施加横向剪切力来模拟材料之间的分离过程，从而通过测量黏附界面的强度和稳定性，获取关键的黏附性能参数。在剥离试验中，两个相邻的材料层在外部载荷的作用下发生分离，使得黏附界面经历拉伸、剪切等复杂的力学状态。为了进行剥离试验，首先需要设计并制备一种包含两种不同材料的复合结构样品，这两种材料通过一个黏附层相互连接。试验的第一步是将这种复合结构样品加工成合适的几何形状，以确保试验结果能够充分反映黏附界面的性能。接下来，将试样置于测试机上进行拉伸或剪切，外部载荷导致试样的剥离，使得黏附界面受到力学应力。通过测量施加的力和试样的位移，可以获取黏附界面的力学性能参数，如黏附强度、断裂能等。

剥离试验的原理基于材料界面的分离过程，通过对试样在分离过程中施加的外部力进行精确测量和深入分析，可以揭示出黏附界面的性能。试验的设计和分析需考虑材料的特性，如弹性模量、断裂韧性等，以及外部条件，如温度、湿度等。剥离试验的结果对于评估材料黏附性能的优劣提供了关键信息，为材料设计和工程应用提供了重要参考。剥离试验作为一种重要的实验手段，在材料科学和工程领域中发挥着不可替代的作用。其原理在于通过外部力的作用模拟材料分离的过程，通过测量相关参数得到黏附界面的性能信息，为材料的性能评估和优化提供了有力的实验手段。

### （二）剥离试验的优缺点

1. 剥离试验的优点

（1）真实模拟分离过程

剥离试验作为一种重要的黏附性能评估手段，以其能够在实验室环境中模拟材料分离的过程而脱颖而出。其核心优势在于提供了深度、真实的力学加载条件，这使得测量结果更具实用性和工程应用的指导意义。在剥离试验中，通过施加横向剪切力，试样受到分离作用，模拟了材料在实际应用中遭受的复杂力学加载。这种力学加载条件考虑了黏附界面的复杂性，使得试验更贴近实际应用场景。通过模拟分离过程，剥离试验能够在控制的实验环境中深入研究材料分离的细节，为理解黏附性能提供了独特的途径。剥离试验的真实模拟在于其能够捕捉材料分离过程中的多种力学状态。试验中施加的剪切力可以模拟实际应用中材料受到的各向异性的外部载荷。这包括拉伸、压缩、扭转等多种应力状态，使得剥离试验能够全面评估黏附性能在多方向力作用下的响应。剥离试验的真实模拟还在于考虑了材料的非均匀性和异质性。黏附界面通常涉及不同材料的结合，而这些材料可能具有不同的物理和力学性质。剥离试验的设计充分考虑了这种异质性，能够在试验中模拟多种材料间的界面，为研究不同材料组合的黏附性能提供了可靠手段。剥离试验还在试验过程中考虑了黏附界面的断裂机制。通过测量分离过程中施加的力和试样的位移，可以获得黏附界面的断裂行为。这种深度的断裂分析有助于理解黏附性能的失效机制，为改进材料设计提供关键信息。

（2）提供关键性能参数

剥离试验通过对相关的力学参数进行测量，为材料的黏附性能提供了直观而定量的评估，这些关键性能参数成为工程师和研究人员理解黏附界面行为、进行材料选择和优化设计的基础。剥离试验提供的一个关键性能参数是黏附强度。黏附强度反映了黏附界面的稳定性和抗拉强度，是评估黏附性能的核心参数之一。通过施加横向剪切力并测量相关的力和位移，可以准确计算黏附强度，为材料黏附性能的对比和评估提供了基础数据。剥离试验还能提供有关断裂能的关键信息。断裂能表征了黏附界面在分离过程中吸收的能量，是材料耐久性和失效机制的重要指标。通过剥离试验，可以获得黏附界面断裂的力学特性，为评估黏附性能的持久性和可靠性提供了量化数据。除了黏附强度和断裂能，剥离试验还可以提供一系列与黏附性能相关的参数，如剥离模量、断裂韧性等。这些参数的测量和分析为全面了解黏附界面的性能提供了多个维度的数据支持，有助于更好地理解黏附性能的多方面特征。剥离试验提供的关键性能参数为不同材料的黏附性能进行比较和优化提供了直观的基础。工程师和研究人员可以根据测得的参数，选择具有良好黏附性能的材料，或者通过调整黏附界面的设计来优化材料的整体性能。因此，剥离试验通过提供关键性能参数，为工程应用中对黏附性能的深度理解和有效优化提供了实用且可靠的数据支持。

（3）适用于复合材料

在复合材料领域，不同材料之间的连接至关重要，而这种连接通常通过黏附界面实现。剥离试验在复合材料研究中广泛适用，因为它能够有效评估不同材料之间的黏附性能，为深度理解和优化复合材料的界面提供了重要工具。复合材料通常由两个或多个不同类型的材料组成，这些材料通过黏附界面紧密结合。剥离试验通过模拟这些材料分离的过程，可以准确测量黏附界面的强度和稳定性。这对于评估复合材料的整体性能和耐久性至关重要。由于复合材料的异质性和多层次结构，黏附性能的优化对于提高整体性能至关重要。剥离试验不仅能够提供黏附强度等关键性能参数，还能通过分析断裂过程中的力学行为，为优化界面设计提供深入见解。这有助于工程师更好地选择和设计黏附剂，以实现最佳的复合材料性能。复合材料的应用领域涵盖了航空航天、汽车工业、建筑等多个领域，对材料性能的要求非常严格。剥离试验的广泛适用性使其能够在不同应用场景中为复合材料提供准确的性能评估，从而满足不同领域对材料性能的高要求。剥离试验在复合材料研究中具有独特的优势，能够深度评估复合材料界面的黏附性能。其适用性、准确性和提供的深度信息使其成为复合材料界面工程和设计的重要工具。

（4）提供界面稳定性信息

剥离试验通过模拟材料分离的过程，为研究者提供了深入了解界面在不同加载条件下的稳定性的独特机会。这种深度洞察对于预测材料在不同环境和应用条件下的长期性能具有重要的指导意义，为工程师和研究人员提供了有价值的信息。剥离试验能够在试验条件下模拟材料分离的实际过程，使得界面稳定性的评估更加真实可靠。通过施加横向剪切力，试验模拟了材料分离的力学过程，使得研究者能够观察到界面在不同加载条件下的响应。这种观察有助于揭示界面内部微观结构的演变，为长期性能的理解提供了有力支持。剥离试验提供了关于黏附界面强度、断裂能等关键参数的详尽数据。这些参数直接反映了界面的稳定性和对外部应力的响应。通过深入分析这些数据，研究者可以获取界面在不同加载条件下的性能特征，进而预测材料在实际应用中的长期表现。界面的稳定性与材料的耐久性密切相关。通过剥离试验获得的信息，研究者可以更好地了解材料在湿热、高温等不同环境中的表现，并据此优化材料设计，提高其长期使用稳定性。

2. 剥离试验的缺点

（1）试验样品制备难度较大

在进行剥离试验时，试验样品的制备常常涉及一系列复杂的工艺和技术，其难度不可忽视。这一挑战性的问题既涉及材料选择，又牵扯到制备过程的各个环节。然而，通过深刻理解这些挑战并采取相应的解决之道，研究者可以克服这些难题，确保试验的可行性和准确性。试验样品的制备难度可能源自于材料的选择。在复合材料和涂层领域，通常涉及多种不同性质的材料，如纤维增强材料、黏附剂等。这些材料的选择需要充分考虑其物理、化学性质及相互之间的相容性。一旦选用不当，不仅会影响到剥离试验的可行性，还可能导致试验结果的不准确。制备过程中的技术要求也是一个值得注意的方面。例如，在将两种不同材料通过黏附层连接时，确保黏附层的均匀性、稳定性是至关重要的。过高或过低的黏附层厚度可能会对试验结果产生重要影响。在这种情况下，需要采用精密的制备技术，确保黏附层的质量。试验样品的几何形状和尺寸对于试验结果的准确性也有着重要影响。为了模拟实际应用条件，样品的尺寸和形状通常需要符合一定的标准，这就对试验员的手工技能和仪器设备的精度提出了更高的要求。任何样品的不规则性都可能导致试验结果的误差，因此在样品制备阶段需要极为慎重。试验样品制备的难度较大需要研究者对材料选择、制备工艺和试验条件等多个方面进行全面考虑。通过采用先进的材料表征技术和仪器设备，结合精细的工艺控制，研究者可以在面对这一挑战时找到切实可行的解决之道。这样的努力将为试验结果的可靠性和准确性提供坚实的基础。

（2）结果受样品几何形状影响

在进行剥离试验时，样品的几何形状往往成为一个关键的影响因素，直接影响试验结果的可靠性和可重复性。这一问题的根本原因在于不同的几何形状可能引入不同的应力分布和应变状态，从而对黏附性能的评估产生显著影响。为了解决这一问题，研究者需要深入了解几何形状对试验的影响机制，并采取相应的措施来确保试验的准确性。样品的几何形状会对试验中的应力分布产生直接影响。不同的几何形状会导致试验过程中受到的应力不均匀分布，从而影响到黏附界面的力学性能的测量。例如，在剥离试验中，试样的宽度、长度和厚度等参数会直接决定试验中的应力状态，这对于黏附性能的准确评估至关重要。因此，在选择样品几何形状时，必须认真考虑这些参数的影响，并根据具体研究的需要进行精心设计。样品的几何形状还会对试验中的应变状态产生影响。不同的几何形状可能引入不同方向和大小的应变，而这些应变会直接影响试验结果。例如，在剥离试验中，试样的形状可能导致不同方向上的应变存在差异，从而影响到对黏附界面性能的评估。为了解决这一问题，研究者需要在设计试验方案时充分考虑到不同方向上的应变，采用合适的几何形状以确保试验结果的可靠性。

（3）复杂的应力状态挑战

剥离试验在评估材料界面黏附性能时具有重要作用，然而，其在面对复杂的应力状态时面临着一些挑战。复杂的应力状态涉及试样在分离过程中同时受到多种应力的作用，这对试验的设计和解释提出了一定的要求。深入理解复杂应力状态下的挑战，有助于更好地利用剥离试验获得准确的界面黏附性能信息。复杂的应力状态涉及多方向的应力作用，这可能导致试验结果的不确定性。在剥离试验中，试样经历拉伸和剪切等多种应力状态，而这些应力可能同时存在并相互影响。这使得难以简单地通过试验结果来解释材料在复杂应力状态下的行为。为了应对这一挑战，研究者需要采用先进的数值模拟方法，如多物理场耦合模拟，以深入理解试验中复杂应力状态的演变过程。复杂的应力状态可能导致试样的非均匀应变分布，从而影响到试验结果的可靠性。在剥离试验中，试样的形状和尺寸对应变的分布具有重要影响。复杂的应力状态可能导致试样中存在局部的高应变区域，而这些区域的形成可能影响到黏附性能的准确评估。为了解决这一问题，研究者需要通过先进的应变场测量技术，如数字图像相关法，来获取试样表面的全场应变分布，以更全面地了解试验中应变状态的复杂性。复杂的应力状态还涉及试样的非线性行为，这对于试验结果的解释和理解提出了更高的要求。在剥离试验中，试样的非线性行为可能导致应力–应变曲线的非线性特征，而这需要更为复杂的力学模型来描述。因此，为了深入理解试验中复杂应力状态下的材料行为，研究者需要引入先进的本构模型，以更准确地描述试样在非线性应力状态下的响应。

## 四、表面能测定法

### （一）表面能测定法的定义及原理

面能是描述固体表面与其他物质相互作用的一个关键性质，通常用能量单位面积（例如焦耳/平方米或 dyn/cm）表示。表面能测定法是一类用于测量和表征材料表面能的实验方法，以评估材料与其他物质（如液体或固体）之间的相互作用强度。表面能的测定涉及测量表面张力或液体滴在固体表面上的展开或吸附现象。其中，主要的测定方法包括接触角法、润湿平衡法和界面电位法等。接触角法是一种常见的表面能测定方法，通过测量液滴在材料表面的接触角来推断表面能。液滴在固体表面的接触角是表面张力和固体表面能之间相互作用的结果。根据 Young-Laplace 方程，接触角与表面张力、液体和固体的密度有关，从而可以计算出表面能。润湿平衡法该方法通过观察液体在材料表面上的润湿现象来测定表面能。润湿平衡法涉及将材料样品浸入液体中，然后观察液体是如何在材料表面展开或收缩的。通过观察液滴形状的变化，可以计算表面张力和表面能。界面电位法这种方法涉及通过电位测量来评估固体和液体之间的相互作用。通过测量材料表面的电位变化，可以推断出表面能和材料与液体之间的相互作用类型。这些方法的选择取决于具体的应用和实验条件。表面能测定法为科学家和工程师提供了一种有力的工具，用于理解材料表面性质、优化材料选择，以及改进涂层和黏附等应用。

### （二）表面能测定法的优缺点

1. 表面能测定法的优点

（1）非破坏性

表面能测定方法的非破坏性质为科学研究和工程应用提供了独特而重要的优势。这一特性使得科学家和工程师能够在保持材料完整性的同时，对同一样品进行多次详尽的测试，从而深入了解其表面性质。这种非破坏性的优势反映在以下几个方面。非破坏性测试消除了材料损伤的风险，使得样品能够在测试过程中保持原始的物理和化学状态。这种无损测试的特性对于那些在后续研究中需要保持样品完整性的实验至关重要。例如，在材料疲劳性能研究中，可以通过多次非破坏性的表面能测定，跟踪材料性能的变化，而无需考虑由于损伤积累导致的样品失效。非破坏性测试提供了对材料表面性质进行详细而准确的分析的可能性。因为样品不会受到破坏，所以可以在多个时间点、多个条件下进行重复测试，获取更为全面的数据集。这种多次测试的能力使研究人员能够观察和分析表面性质的演变，了解其在不同环境和负荷条件下的响应。非破坏性测试的多次性也有助于减少试验误差。由于样品不受损坏，可以更精确地控制实验条件，确保测试结果的稳定性和可靠性。这对于表面能测定法的精密性和准确性至关重要，特别是在需要高精度测量的应用中。表面能测定方法的非破坏性特性为材料科学和工程研究提供了一种独特的探测途径。这种方法的灵活性和多次测试的能力不仅拓宽了研究者的实验范围，也为更全面地理解和优化材料的表面性质提供了可靠的手段。

（2）相对简便

表面能测定法之所以备受青睐，其中一个显著的原因是其相对简便的操作和实施过程。这一特点使得科研人员、工程师以及实验室从业者更容易在不同领域中运用这一方法，从而推动了表面科学的发展。表面能测定法通常具有直观简便的操作步骤。对于接触角法来说，只需将液体滴在材料表面，通过观察液滴的形态变化即可获得接触角的信息。其他方法如润湿法、液滴法等同样具备直观的实验步骤。这使得初学者能够迅速上手，降低了技术门槛，同时也提高了实验的高效性。表面能测定法的实施过程通常不需要复杂昂贵的设备。相较于其他一些表征手段，例如电子显微镜、X 射线衍射等，表面能测定法所需的实验设备相对简单，不需要大量的专业仪器。这一特性使得实验室和研究机构更容易获取所需的实验条件，从而推动了该方法在不同领域的广泛应用。许多表面能测定方法的结果可以通过简单的图像处理软件进行分析。例如，在接触角法中，通过拍摄液滴与固体表面的图像，可以使用图像处理软件测量接触角。这种数字化的数据处理方式不仅提高了实验结果的准确性，还降低了数据分析的复杂性，为研究人员提供了更便捷的手段。表面能测定法的相对简便操作和实施过程使得它成为科学研究和实际应用中的一种便捷而高效的工具。其简单的操作步骤、相对低成本的设备需求及数字化的数据处理方式，为科研人员提供了更为便利和灵活的表面性质研究手段。

2. 表面能测定法的缺点

（1）仪器的精密性和稳定性要求较高

表面能测定法在实践中存在一些缺点，其中之一是对仪器精密性和稳定性的较高要求。在许多表面能测定方法中，使用的仪器需要具备高度的精密性，以确保测量结果的准确性和可重复性。例如，在接触角法中，使用的接触角仪器需要具备高分辨率的图像采集能力和精确的角度测量功能，以获取准确的接触角数值。

这种对仪器精密性的要求导致了仪器成本的提高。高度精密的仪器通常价格昂贵，这对于一些实验室或研究机构来说可能构成一定的负担。此外，需要确保仪器的长期稳定性，以保持测量结果的一致性。这可能需要定期的校准和维护，增加了实验的运营成本和操作复杂度。仪器的精密性也使得在特定环境条件下的应用受到限制。例如，一些表面能测定法对实验室温度和湿度的要求较高，以确保测量的准确性。这可能使得在一些极端环境或现场条件下的实际应用变得更加困难。表面能测定法对仪器精密性和稳定性的高要求是其在实践中的一个缺点。这不仅增加了仪器的投资和维护成本，还对实验的可操作性和适用性提出了一定挑战。因此，在选择表面能测定方法时，需要综合考虑仪器性能、成本和实际应用需求，以确保获得可靠且具有实际意义的测量结果。

（2）有限的材料适用性

表面能测定法的第二个缺点是其有限的材料适用性。不同的表面能测定方法对材料的适用性存在一定的限制，这取决于材料的性质、表面状态及测定方法的原理。这种有限的材料适用性可能导致在某些特定材料或特殊情况下无法有效地应用某些表面能测定方法。某些表面能测定方法对于特定类型的材料可能不够敏感或准确。例如，一些基于液滴法的表面能测定方法可能对于具有低表面能的材料测量不够灵敏，从而难以提供准确的结果。同样，一些基于固体表面能的方法可能在处理某些特殊表面情况时表现不佳。表面状态和处理对于表面能测定的影响也是一个重要因素。某些表面能测定方法可能对于粗糙或不均匀的表面响应较差，需要额外的处理步骤来优化表面条件。这可能包括表面清洁、涂层或其他预处理步骤，以确保获得可靠的测量结果。这种有限的材料适用性可能限制了表面能测定法在广泛应用领域的实际可行性。在研究或应用过程中，需要认真考虑被测材料的特性和表面状态，选择适用于特定材料的合适表面能测定方法。此外，对于复合材料、多相材料或新型材料，可能需要结合多种表面能测定方法，以全面了解其表面性质。综合考虑这些因素，有助于更准确地应用表面能测定法，并理解其测量结果的局限性。

（3）不适当的样品准备可能影响测试的准确性

不适当的样品准备是表面能测定中可能影响测试准确性的一个重要因素。样品准备的不当可能导致表面能测定方法在测量过程中受到干扰，影响测试结果的准确性和可靠性。如果样品表面存在污染物或残留物质，如油脂、灰尘、化学物质等，这些物质可能干扰表面能测定的准确性。污染物可能改变表面的化学性质，影响测定方法的灵敏度，甚至导致测量结果的失真。样品表面的粗糙度可能对某些表面能测定方法产生影响。一些测定方法对于粗糙表面的适应性较差，因此在进行测量之前可能需要对样品进行表面处理，以减小粗糙度的影响。样品的尺寸和形状对于一些表面能测定方法可能具有限制性。例如，某些方法可能要求样品具有特定的几何形状或尺寸，而不符合要求的样品可能导致测试无法进行或产生不准确的结果。在某些情况下，需要在样品表面应用表面处理剂以改变其性质。选择不适当的处理剂可能导致对表面能的测定产生不可预测的影响，因此在使用处理剂时需要谨慎选择。样品制备技术的选择也可能对表面能测定产生影响。例如，在拉伸或剪切试验中，样品的准备可能影响表面能的分布，从而影响测定结果。为了确保表面能测定的准确性，样品准备过程需要根据具体的测定方法和被测材料的特性进行细致的设计和控制。在样品准备阶段的不适当操作可能导致测试数据的失真，因此在进行表面能测定之前，需要仔细考虑样品的处理和准备步骤，以确保测定结果的可靠性和可重复性。

## 五、X 射线光电子能谱

### （一）X 射线光电子能谱的定义及原理

X 射线光电子能谱（XPS），又称为 X 光电子能谱或电子能谱（ESCA），是一种高分辨、表面敏感的表面分析技术，主要用于研究材料的表面化学成分、电子结构和化学状态。其基本原理涉及 X 射线的照射和光电子的逸出，从而提供有关材料表面的详细信息。在 XPS 实验中，样品表面受到 X 射线的照射，X 射线光子的能量足够大，可以使样品中的内层电子脱离原子轨道，形成光电子。这些光电子的能量和数量与原子的化学环境相关，因此通过测量光电子的能谱可以获得有关样品表面的丰富信息。

XPS 的基本激发机制是 X 射线光子与样品原子内层电子发生相互作用，使电子脱离原子轨道。这个过程遵循光电效应的规律，其中光子的能量必须大于所要排出的电子的束缚能。排出的光电子在外部磁场的作用下被收集并通过电子能谱仪进行测量。通过测量光电子的能谱，可以得知它们的能量分布，从而推断出样品中各元素的含量、化学状态和电子结构。XPS 具有很高的能量分辨率，能够分辨相近能量的不同光电子能级，使得对表面电子结构的研究更加精细。XPS 对表面非常灵敏，主要探测样品表面几个纳米以下的深度，因此可以提供关于材料表面的详细信息。X 射线光电子能谱通过测量材料表面的光电子能谱，提供了关于化学成分、电子结构和化学状态的丰富信息，广泛应用于材料科学、表面化学、催化剂研究等领域。

### （二）X 射线光电子能谱的优缺点

1. X 射线光电子能谱的优点

（1）元素的识别准确

表面上的光电子发射，能够对不同元素进行高度灵敏的区分和准确的识别。XPS 仪器通过照射材料表面 X 射线，激发材料表面的原子内部电子，使其获得足够的能量逸出材料表面并形成光电子。通过分析这些光电子的能谱，可以明确识别材料表面存在的元素。XPS 的高分辨率和高灵敏度使其能够提供详细的元素信息，包括元素的化学状态和与其他元素的相互作用。这种准确的元素识别为科学家们提供了深入研究材料表面性质和界面相互作用的机会。不仅可以确定元素的存在，还可以区分同一元素不同化学状态的贡献，从而为更全面的材料分析提供了基础。XPS 在材料科学、表面科学和纳米技术等研究领域中被广泛应用，其准确的元素识别为研究人员提供了深入挖掘材料表面性质和界面相互作用的能力。这种高精度的分析方法不仅在材料表征上具有显著的意义，而且在新材料的设计和工程应用中发挥着关键作用。

（2）高表面灵敏度

X 射线光电子能谱具有高表面灵敏度，这是其在材料科学和表面分析领域广泛应用的重要优点之一。XPS 技术通过测量材料表面上光电子的发射，能够提供关于表面层的详细信息，具有亚表面深度的高灵敏度。这种高表面灵敏度使 XPS 成为研究材料表面化学成分和电子结构的强大工具。XPS 的高表面灵敏度使其能够检测到表面浓度较低的元素，并提供有关这些元素在表面的化学状态的信息。这对于研究表面修饰、薄膜和界面现象等方面至关重要。研究人员可以利用 XPS 技术深入了解材料表面的微观结构，从而指导材料设计和性能优化。

在纳米技术和界面科学中，XPS 的高表面灵敏度也使其成为研究纳米材料、纳米结构和界面效应的理想工具。通过对材料表面的原子级分析，XPS 不仅能够提供元素的信息，还能揭示元素之间的相互作用和表面化学反应的动力学过程。

（3）高能量分辨率

X 射线光电子能谱（XPS）的高能量分辨率是其引人注目的优点之一，为表面分析提供了卓越的精度和准确性。高能量分辨率是指 XPS 技术能够分辨能级之间非常小的能量差异，从而提供了对材料电子结构的极为精细的解析能力。XPS 通过测量光电子的能谱，即光电子的能量分布，来获取关于材料表面电子结构的信息。高能量分辨率使得 XPS 能够准确地确定不同元素的电子能级和化学状态，从而为材料表面的微观结构提供详细而精确的解释。这对于分析表面化学反应、表面改性及材料的电子性质等方面具有重要意义。在高能量分辨率下，XPS 能够区分相邻能级，甚至能够分辨出不同电子轨道的贡献。这种精细的解析力使 XPS 在研究表面化学反应、催化剂的活性中心及表面电荷分布等方面发挥着关键作用。研究人员可以通过 XPS 技术对材料表面进行精准的元素定性和化学状态分析，为理解表面性质提供深入见解。X 射线光电子能谱的高能量分辨率使其成为材料表面分析领域中一种非常有力的工具，为科学家提供了探究材料表面电子结构和表面化学反应的精细手段。这种优势使 XPS 在纳米材料、界面科学和材料设计等领域取得了广泛的应用。

（4）提供化学状态信息

X 射线光电子能谱的另一个显著优点是其能够提供详细的化学状态信息。通过分析光电子的能谱，XPS 技术不仅可以确定材料表面上的元素种类，还可以识别这些元素所处的不同化学状态。这对于理解材料的表面反应、催化活性以及界面的化学变化至关重要。XPS 通过测量光电子的束缚能来区分不同元素的不同化学状态。由于不同化学状态的电子云结构不同，它们对 X 射线的束缚能有特定的响应。通过分析束缚能的峰位和峰形，研究人员可以识别出表面上存在的元素的化学状态，并了解它们的电子结构。这种能够提供化学状态信息的能力使得 XPS 在研究催化剂、表面吸附物质及材料的表面修饰等方面发挥了重要作用。例如，在催化剂研究中，XPS 可以帮助科学家确定催化剂表面上活性位点的化学状态，从而揭示催化反应的机制。在材料科学中，XPS 还可用于表征表面功能化处理的效果，以及检测表面的氧化还原状态等。因此，X 射线光电子能谱通过提供化学状态信息，为科学家提供了深入研究材料表面化学性质的手段。这种分析能力不仅对于理论研究，还对材料设计、催化剂开发和纳米材料表面工程等应用领域具有广泛的实用性。

2. X 射线光电子能谱的缺点

（1）有限的深度信息

有限的深度信息是 X 射线光电子能谱的一个显著缺陷。XPS 主要通过测量样品表面发射的光电子来获得化学信息，因此只能提供关于样品表面几个纳米的化学状态。这表明 XPS 在探测样品深层结构或多层界面时存在一定的局限性。在研究复杂的多层结构或具有分层界面的材料时，XPS 可能无法区分各个层次的化学成分。这限制了科学家对材料深层结构的全面认识，因为 XPS 无法提供跨越更深层次的详细信息。这一问题对于分析涂层、薄膜或复合材料等应用场景尤为显著。有限的深度信息可能导致样品表面吸附的气体和水分子对测量结果产生显著影响。这是因为在实验室环境中，样品表面通常会与周围的空气和水分发生相互作用。为了尽量减小这种外部干扰，XPS 实验通常在真空条件下进行。有限的深度信息是 XPS 的一个限制，特别是在需要深入了解材料内部结构的情况下。研究人员在选择表征技术时，需要综合考虑 XPS 的优势和局限性，可能结合其他深度分析技术以获取更全面的材料信息。

（2）对导电性的依赖性

对导电性的依赖性是 X 射线光电子能谱的另一个缺陷。XPS 测量过程中，光电子被 X 射线激发并从样品表面释放出来，然后通过分析光电子的能谱来确定样品的元素组成和化学状态。然而，这一过程对样品的导电性较为敏感。对于非导电或具有低导电性的样品，如聚合物、绝缘体或生物材料，由于电荷的累积效应，可能会导致 XPS 信号的失真。电荷积累可能导致 XPS 信号的漂移，使得能量分辨率下降，峰形变宽，从而影响元素峰的精确度和分辨率。为了克服导电性的依赖性，通常采用导电性涂层或金属化处理来提高样品的导电性。然而，这样的处理可能会引入额外的化学变化，影响对样品表面化学状态的准确测量。对于复杂的多相材料或非导电性样品，研究人员可能需要结合 XPS 和其他表征技术，如透射电镜、扫描电子显微镜等，以获得更全面的材料信息。因此，在选择分析方法时，研究人员需要权衡 XPS 的高分辨优势和导电性的依赖性，以确保获得准确的化学信息。

（3）仪器相对复杂，对于操作者的技术要求较高

X 射线光电子能谱作为一种高度精密的表面分析技术，其仪器相对复杂，对于操作者的技术要求较高。XPS 仪器通常由多个关键组件组成，包括 X 射线源、光学元件、能谱仪、探测器等。这些组件需要经过精密的校准和调整，以确保仪器的性能和分辨率达到最佳状态。操作者需要深入理解每个组件的原理和功能，以有效地进行仪器调试和维护。在 XPS 实验中，精确的样品定位和表面准备也是至关重要的步骤。操作者需要掌握样品的处理技术，包括样品的清洁、表面平整度的控制等。对于特定类型的样品，如生物材料或聚合物，操作者还需了解样品的特殊性质，并采取适当的预处理措施，以避免电荷积累或其他不良效应。在进行 XPS 实验时，对 X 射线的辐射安全和样品的放置也有严格的要求。操作者需要具备辐射安全的知识，确保实验室环境符合相关标准，以保护实验人员的安全。XPS 实验的数据分析涉及复杂的谱线形状拟合、背景校正和化学状态判定等步骤。操作者需要熟练掌握相关数据分析软件和算法，以准确地解释实验结果。XPS 作为一种高级的表面分析技术，对操作者的技术要求较高。只有经过系统的培训和实践，操作者才能熟练掌握 XPS 仪器的操作流程、样品处理技术和数据分析方法，确保实验能够取得可靠的结果。因此，XPS 实验的成功执行不仅需要先进的仪器设备，还需要具备专业知识和实践经验的熟练操作者。

（4）成本较高

X 射线光电子能谱作为一种先进的表面分析技术，其高昂的成本是一个不可忽视的因素。XPS 仪器本身的制造和维护需要大量资金投入。高度精密的仪器组件、先进的光学元件、精密的能谱仪和探测器等设备都需要制造商进行精密加工和高质量材

料的选用，这些因素都直接影响了仪器的总体成本。

除了仪器的购置成本外，XPS 实验中所需的维护和校准也需要相当的经费。定期的仪器维护、性能校准及组件的更换都是确保 XPS 仪器长期稳定运行的重要措施，这进一步增加了仪器的使用成本。在实验室运营过程中，XPS 实验的电源消耗、冷却系统运行、高真空系统维护等方面也需要相当的能源和成本支出。此外，由于 XPS 实验通常需要在控制温度和湿度的环境下进行，实验室的运行和维护成本也将增加。从人力资源方面来看，由于 XPS 仪器的操作和数据分析需要高度专业的知识和技能，雇佣具有相关经验和背景的操作者也可能成为一个额外的成本负担。XPS 实验的高昂成本涉及仪器本身、维护、能源、实验室运行等多个方面。这使得 XPS 技术在实际应用中可能受到预算和资源的限制，需要仔细考虑其成本效益和实验需求。

## 第三节　黏附力的优化策略

### 一、表面处理与功能化

#### （一）等离子体处理

等离子体处理是一种有效的表面处理方法，通过改变材料表面的化学性质，引入官能团，提高表面能，从而增加与聚合物基体的亲和性，有效加强黏附力。这一过程利用等离子体产生的高能粒子和活性物种对材料表面进行处理，达到清洁、改性和激活的目的，为后续的黏附提供有利条件。等离子体处理的主要步骤包括等离子体的产生、等离子体与材料表面的相互作用及后续的表面改性。通过在气体或气体混合物中加入能够激发等离子体形成的能量，如射频电源或微波源，产生高能粒子，形成等离子体。这些高能粒子包括电子、正离子、自由基等，具有活性。等离子体与材料表面相互作用，导致表面的化学变化，包括表面的清洁、活化和新官能团的引入。经过等离子体处理的表面变得更具亲和性，更容易与聚合物基体发生黏附。等离子体处理的优势在于它是一种非常灵活的表面处理手段，适用于各种材料，包括金属、聚合物、复合材料等。通过选择不同的气体和工艺参数，可以实现对表面化学成分、官能团引入等多个方面的调控。这使得等离子体处理成为改善界面黏附性能的重要方法之一。在等离子体处理过程中，需要考虑处理时间、功率密度、气体组成等因素，以避免对材料产生不必要的损伤。此外，等离子体处理后的表面性质可能会随时间而逐渐恢复，因此需要合理设计处理方案，以保持表面改性的稳定性。等离子体处理作为一种强大的表面处理技术，通过引入活性官能团、提高表面能等方式，显著改善了材料表面与聚合物基体之间的黏附性能。在现代材料工程和科学研究中，等离子体处理技术具有广泛的应用前景。

### （二）化学改性

化学改性是一种重要的表面处理方法，通过采用化学手段，如氧化、硅化等，实现对材料表面的改变，引入活性官能团，改变表面极性，从而提高黏附界面的相容性。这一过程涉及多种化学反应，旨在调控表面性质，优化材料的界面黏附性能。化学改性的一项关键手段是氧化处理。氧化处理可以通过将材料置于氧气、臭氧或含氧气体环境中，使表面发生氧化反应，形成氧化层。氧化层的引入可以改变表面的化学性质，增加表面的亲水性，提高与许多聚合物基体的相容性，从而增强黏附性能。硅化是另一种常见的化学改性方法。通过在材料表面引入硅基官能团，可以调节表面的亲水性和亲油性，改变表面的电荷分布，从而影响与聚合物基体的黏附性。硅化处理常用于增强无机材料与有机聚合物的黏附性能，扩大它们的应用范围。化学改性的优势之一在于其高度可控性，通过选择不同的处理条件、反应物和反应时间，可以实现对表面性质的定制化调节。这使得化学改性成为一种适用于各种材料和复合体系的通用手段。此外，化学改性方法通常具有较好的反应选择性，可以实现对目标区域的精确改变，减小对材料整体性能的影响。化学改性也可能导致材料的表面形貌、晶体结构等方面的变化，因此在设计和应用过程中需要综合考虑处理后材料的整体性能。此外，一些化学改性方法可能需要采用有机溶剂、高温等条件，需要谨慎选择，以避免对材料造成不必要的损害。

## 二、选择和设计界面剂

### （一）选择适当的界面剂

选择适当的界面剂是优化黏附力的关键策略之一。不同的材料组合在复合材料中的应用可能存在界面相容性差、化学性质不匹配等问题，而适当选择界面剂可以有效地改善这些情况，提高材料之间的黏附性能。其中一种常用的界面剂是偶氮染料。偶氮染料具有分子结构中的双氮键，这使得它们在分子层面上能够形成较强的化学键，有助于增强材料界面的结合力。选择适当的偶氮染料可以通过与材料表面反应，形成较为牢固的连接，提高材料的相容性，从而增强黏附力。此外，偶氮染料还具有一定的光吸收性能，可以通过光诱导的反应等方式实现对界面性质的精准调控。另一类常见的界面剂是硅烷偶联剂。硅烷偶联剂通常包含有机基团和硅烷官能团，可以同时与有机物和无机物发生反应。这使得硅烷偶联剂在有机–无机混合体系中表现出色，能够促进有机和无机材料的结合。通过选择适当的硅烷偶联剂，可以调节其亲水性、亲油性等性质，优化与不同聚合物基体的相容性，提高黏附性能。在选择界面剂时，需要考虑到材料的特性、界面的化学性质及最终应用的环境条件等因素。不同的界面剂可能对黏附性能产生不同的影响，因此需要综合考虑这些因素，选择最适合的界面剂。此外，界面剂的引入应当是一个协同的过程，需要考虑到整体材料系统的性能，避免引入不必要的副作用。

### （二）定制设计界面剂

定制设计界面剂是一项精密而创新的策略，旨在根据黏附性能的具体需求，通过合成或定制化设计界面剂，实现更强的分子间相互作用，从而优化材料之间的黏附力。这一策略的关键在于深入理解材料的化学性质，分析黏附界面的需求，并有针对性地设计合成具有特定官能团的界面剂。在定制设计界面剂的过程中，首先需要深入了解黏附性能的关键因素。这可能包括材料的表面能、化学极性、力学性质等多个方面。通过分析黏附界面的特点，可以明确需要加强的相互作用类型，比如共价键、氢键、范德华力等。这为设计特定官能团提供了指导。基于对黏附性能的深入了解，可以选择或设计合成包含特定官能团的化合物。这些官能团可以与材料表面形成更强的相互作用，增强黏附力。例如，含有活性基团的化合物可以通过与表面官能团反应形成牢固的化学键，提高黏附性能。定制设计的界面剂还应考虑到在特定工程应用中可能遇到的环境条件。这包括温度、湿度、化学介质等因素，这些条件可能对界面剂的稳定性和性能产生影响。因此，在合成或设计界面剂时，需要综合考虑材料的使用环境，确保所设计的界面剂在实际应用中能够稳定、有效地发挥作用。定制设计的界面剂应通过实验验证其性能。这可能涉及在模拟实际应用条件下进行黏附性能测试，以评估定制设计的界面剂是否能够如预期地增强黏附力。实验结果将为调整和改进界面剂设计提供关键的反馈。

## 三、温湿度控制与热处理

### （一）湿度精准控制

湿度控制是一种重要的黏附性能优化策略，特别对于某些材料而言，在潮湿环境中适度的湿度控制能够显著影响界面的黏附性能。湿度控制的有效性主要源于其对材料表面性质和界面结合的影响。湿度的变化可以直接影响材料表面的化学性质。在潮湿环境中，空气中的水分子会吸附到材料表面，形成一层水膜。这层水膜在一定程度上改变了表面的极性，增加了表面能，使得材料更易吸附其他分子，尤其是与聚合物基体相互作用的官能团。这样的变化有助于提高界面的相容性和亲和性，从而增强黏附强度。湿度的变化还可能通过改变材料的力学性能来影响黏附性能。在高湿度环境下，某些材料可能发生吸湿膨胀，导致材料的表面微观结构发生变化。这种变化可能使得界面的结合更为牢固，从而提高黏附强度。然而，对于一些特殊材料，吸湿可能导致材料的弱化，对黏附性能产生负面影响。在实际应用中，湿度的控制可以通过环境调控、封闭包装等方式实现。尤其对于需要在潮湿环境下长时间使用的材料，通过控制湿度，可以更好地保持其黏附性能的稳定性。在特殊工况下，甚至可以设计具有湿度响应性的材料或界面剂，使材料在湿度变化时能够自动调整其表面性质，以维持优良的黏附性能。湿度控制作为一种黏附性能优化的手段，通过调节材料表面性质和力学性能，影响界面的结合状态，从而实现对黏附强度的提升。在具体应用中，需要综合考虑材料的特性和工作环境条件，有针对性地进行湿度控制，以实现最佳的黏附性能。

### （二）热处理优化

热处理作为一种优化黏附性能的策略，通过调控界面区域的结构，能够有效消除缺陷并提高界面的结合强度，从而显著增强材料的黏附性能。这一过程涉及高温下对材料的处理，旨在通过热效应引发界面结构的演变，使其更加有利于黏附性能的提升。热处理的关键在于高温下的材料晶体结构调控。在高温环境下，材料的晶体结构可能发生再结晶、相变等变化，从而影响到界面区域的结构。通过精密控制热处理参数，如温度、时间等，可以实现对界面晶体结构的有序调控，有助于优化结合状态。热处理对晶界特性的影响也是关键的。界面区域的晶界是黏附性能的关键组成部分，而热处理能够调控晶界的能量状态、迁移性等特性。这样的调控可以消除或减缓晶界缺陷的形成，提高晶界的强度，从而增强整体黏附性能。在热处理过程中，还可能发生界面区域的再结晶或晶粒长大现象。这对于消除界面缺陷、提高晶粒尺寸、优化晶粒形态等方面都具有积极作用。这些结构上的优化进一步改善了材料的力学性能和黏附性能。热处理对材料的晶体缺陷、孪晶等问题也有显著的影响。通过适当的热处理过程，可以有效减小或消除这些缺陷，使材料更加均匀、稳定，提高材料的整体性能。热处理优化是一种通过调控材料晶体结构和晶界特性，消除缺陷，提高整体性能的有效手段。在黏附性能方面，通过精心设计热处理方案，可以使材料的界面区域结构得到优化，从而增强黏附力，提高材料的可靠性和稳定性。这种策略在材料工程中有着广泛的应用前景，为提高材料性能提供了重要的技术支持。

## 四、微观结构与化学成分调控

### （一）微观结构优化

微观结构优化是一种有效的黏附性能优化策略，通过在微观尺度上调控材料表面形貌，引入纳米结构或微纳米级结构，可以显著影响界面的活性和相互作用，从而提高整体的黏附性能。微观结构的引入可以增加材料表面积。纳米结构和微纳米级结构具有较高的比表面积，使得材料表面可供黏附的活性位点增多。这些活性位点有助于与聚合物基体中的官能团发生更多的分子间相互作用，提高了界面的相容性，从而增强了黏附性能。微观结构的优化也能够调控界面的力学性质。通过设计特定形状和尺寸的微观结构，可以实现对界面的增强效果。例如，在纳米级结构上引入一定的结晶区域或纳米颗粒，能够有效地增强黏附界面的强度和稳定性。这种结构上的调控不仅可以提高界面的机械性能，还有助于减缓可能导致黏附破坏的应力集中。微观结构的优化还可实现对材料的表面能的调节。通过调整微观结构，可以改变表面的极性和化学性质，使其更符合聚合物基体的特性，提高界面的亲和性。这样的调节有助于形成更紧密、更稳定的黏附界面。在实际应用中，通过采用各种制备技术，如纳米印刷、溶液浸渍、化学沉积等，可以实现对微观结构的有针对性设计和控制。这些方法使得微观结构优化成为一种灵活而有效的手段，可以根据不同材料和应用需求进行定制化设计，从而实现黏附性能的优化。微观结构优化作为黏附性能的优化策略，通过调控材料表面形貌，提高表面积、调节力学性质和改变表面能，实现了对界面的有针对性改良，为材料的黏附性能提供了全新的思路和途径。

### （二）化学成分调控

化学成分调控是一种重要的优化黏附性能的策略，通过精确控制界面区域的化学成分，可以实现对黏附性能的有针对性调节。这一过程涉及对材料的表面成分进行精细分析，了解元素的分布和相对含量，为实现优化黏附性能提供基础。

化学成分调控需要对材料的表面进行详细的元素分析。现代表面分析技术，如X射线光电子能谱和界面能谱分析，可以提供高分辨率的表面成分信息。通过这些技术，可以确定界面区域中各种元素的存在情况，并了解它们的相对丰度。理解材料表面的化学成分分布是实现优化黏附性能的关键。通过对界面区域进行化学成分的调控，可以实现对黏附性能的有针对性改良。例如，通过引入具有特定官能团的界面剂，可以调节材料表面的化学性质，增加表面能，提高与聚合物基体的相容性，从而增强黏附力。化学成分调控还可以通过表面处理等方法实现。例如，氧化、硅化等化学改性过程可以引入更多的官能团，改变表面的极性，从而影响黏附性能。对于复合材料而言，控制不同组分之间的界面化学成分，使其更加相容，有助于提高黏附性能。化学成分调控的优势在于它为优化黏附性能提供了精细的手段。通过深入了解界面区域的化学成分，可以制定更有效的改良策略，实现对黏附性能的定向调节。这种策略不仅适用于不同材料组合的黏附界面，还可以根据具体应用需求进行精准化设计。化学成分调控是一种有效的黏附性能优化策略，通过精确了解和调控材料表面的化学成分，为实现材料之间更强大的黏附性能提供了有力的支持。

## 五、力学性能调控与多尺度设计

### （一）力学性能优化

力学性能的优化是实现黏附性能提升的关键策略之一。通过在宏观尺度上调整复合材料的力学性能，包括纤维取向、层压顺序等方式，可以实现对黏附性能的优化，提高整体复合材料的性能表现。纤维取向的调整是一种重要的力学性能优化手段。纤维的取向直接影响了复合材料的力学行为，包括强度、刚度和断裂韧性等方面。通过合理设计和控制纤维的取向，可以实现在特定加载方向上的最佳性能。这种优化设计有助于提高黏附界面在受力时的稳定性，增强黏附性能。

层压顺序的调整也是力学性能优化的重要策略之一。复合材料通常由多个层次的材料叠压而成，通过调整不同层次的层压顺序，可以影响整体复合材料的强度和刚度。合理设计的层压结构可以使黏附界面在受力时得到更均匀的分布，降低局部应力集中，从而提高黏附性能。考虑到复合材料的应用环境和加载条件，力学性能的优化还需要综合考虑复合材料的其他性能指标，如热性能、耐磨性等。通过在宏观尺度上综合考虑多个性能指标，可以实现全面的性能优化，为材料的实际应用提供更好的性能表现。力学性能的优化是一个综合性的过程，需要在复合材料的设计阶段就考虑到。采用先进的力学性能测试和模拟技术，结合对材料特性的深入理解，可以制定出有效的优化策略。这些策略既可以通过实验验证，也可以通过数值模拟等手段进行评估和预测。调整复合材料的力学性能，包括纤维取向和层压顺序等方面，可以在宏观尺度上实现黏附性能的优化。这种优化策略为复合材料在不同应用领域中发挥更好性能提供了重要支持。

### （二）多尺度协同设计

多尺度设计是一种综合考虑宏观、微观和纳米尺度上结构与性能的方法，通过在不同尺度上进行精心设计，实现黏附性能的提升，并同时保持材料的整体性能。这一策略在材料科学和工程领域中得到广泛应用，在宏观尺度上，主要考虑整体结构和力学性能的调控。对于复合材料而言，可以通过优化层压结构、选择适当的纤维取向等方式来调整宏观结构，以实现黏附性能的提升。宏观尺度的设计需要考虑到材料的强度、刚性、耐久性等方面，确保整体性能得到平衡提升。

在微观尺度上，关注材料的内部结构、晶粒形貌等微观特征。通过微观结构的优化，可以改善黏附界面的机械连接，增加界面区域的相容性。微观尺度的设计可能涉及晶粒定向控制、晶界工程等手段，以提高黏附性能。在纳米尺度上，注重材料的表面特性、纳米结构等微观细节。通过引入纳米结构、纳米材料或纳米涂层，可以增加表面积，提高活性位点密度，从而加强黏附界面的相互作用力。纳米尺度设计可能包括表面纳米结构的工程、纳米颗粒的引入等，以增强黏附性能。综合考虑宏观、微观和纳米尺度上的设计策略，实现多尺度协同设计。这种方法能够更全面地优化材料的结构和性能，使得黏附力的提升在不同尺度上得到协同增强。通过协同设计，可以在不同层次上优化黏附性能，提高材料的综合性能水平。

## 六、应用环境与性能平衡

### （一）提高环境适应性

环境适应性是黏附力优化的关键策略之一。在考虑材料的实际应用环境时，需要调整黏附性能，以确保材料在不同温度、湿度等条件下都能够表现出优异的性能。这涉及多方面的因素和策略。针对不同的环境条件，可以通过调整材料的成分和结构来实现黏附性能的优化。例如，在高温环境下，选择能够保持稳定性能的高温材料，通过合适的表面处理和功能化手段，提高材料在高温条件下的抗氧化、抗热膨胀性能，从而增强黏附性能。湿度是另一个重要的环境因素。在潮湿环境下，湿度对黏附性能的影响很大。可以采用防潮措施，如合适的表面涂层、界面剂选择等，来防止湿度对黏附性能的不利影响。此外，也可以通过材料的表面处理，增加表面的亲水性或疏水性，以适应不同湿度条件下的应用环境。考虑到复合材料在实际应用中可能会遇到的多样化环境条件，可以采用智能材料设计的思路，即设计具有自适应性能的材料。这些材料可以通过响应外界环境的变化，调整其自身的结构和性能，以实现在不同环境下的最佳性能表现。例如，可以引入响应性的功能性界面剂，使材料能够根据环境条件进行自主调节，提高黏附性能的稳定性和适应性。综合考虑材料的化学成分、表面处理、智能设计等方面的因素，可以有效实现黏附性能在不同环境条件下的优化。这种环境适应性的优化策略为材料在复杂多变的应用环境中展现出更好的性能提供了有力支持。在实际工程中，对于需要在各种环境条件下使用的材料，环境适应性的优化是一个不可忽视的重要方面。

### （二）提升性能平衡

在优化黏附力的过程中，实现性能的平衡提升是至关重要的。黏附力作为一个关键的性能参数，直接影响着材料的整体性能，但为了确保材料在实际应用中具备综合的性能，需要综合考虑其他多种性能指标，如强度、刚性等。强度与黏附力之间存在着紧密的关联。在考虑黏附力的优化时，需要确保所采取的措施不会显著降低材料的强度。这可以通过选择合适的强度与黏附性能平衡的材料组合、优化结构设计等方式来实现。例如，对于复合材料，可以调整纤维取向、层压结构等，以在维持足够强度的同时提升黏附力。刚性是另一个需要平衡的重要性能。在实际工程应用中，材料的刚性往往与其承载能力、形变抗力等方面密切相关。在优化黏附力时，需要确保所采取的措施不会显著影响材料的整体刚性。这可能涉及调整材料组分、优化层压结构、引入增强材料等手段，以实现黏附力与刚性的平衡提升。对于某些应用场景，耐磨性、耐腐蚀性等性能指标也是需要考虑的。在优化黏附力的同时，需要确保材料在特定的环境条件下具备足够的耐久性和稳定性。这可能需要采用特殊的表面处理方法、引入耐腐蚀性材料、选择合适的涂层等手段。综合性能的平衡提升也需要充分考虑应用的具体要求。不同的工程应用对于性能的要求可能有所不同，因此在优化黏附力的同时，需要明确应用场景，确保性能的平衡提升符合实际需求。在实际工程中，性能的平衡提升是一个复杂而综合的问题，需要通过系统性的研究和优化来实现。通过深入理解材料的多方面性能，精心设计材料组合和结构，可以在提升黏附力的同时保持整体性能的平衡。这种综合性的优化策略有助于确保材料在实际应用中取得最佳性能表现。

# 第四节　碳纤维与聚合物基体的表面特性

## 一、碳纤维的表面特性

### （一）化学成分相对单一

碳纤维的表面化学成分相对单一，主要由碳元素构成。其基本结构是由纳米级的碳纳米管或碳纳米结构组成的连续纤维。碳纤维通常是由聚丙烯等有机聚合物作为前驱体，经过高温裂解、碳化等处理过程形成的。在碳纤维的表面化学成分中，碳元素的丰富性使其表面呈现出非常高的碳–碳键含量。这种单一的化学成分使得碳纤维具有一定的惰性和化学稳定性，有助于其在不同环境条件下的稳定性和耐腐蚀性。碳纤维的这种化学成分的相对单一性为其提供了独特的性能，包括高强度、轻质、高模量等特点。然而，由于碳元素的非金属性质，碳纤维表面通常呈现疏水性质，这可能对与某些材料的黏附性能产生一定的影响。

在实际应用中，为了改善碳纤维与其他材料的界面黏附性能，常常采用表面处理等方法，引入一些官能团或增加表面能，从而实现更好的相容性。这种方法可以有效调控碳纤维的表面性质，使其更好地适应不同的应用场景。

### （二）表面能通常较低

碳纤维表面能通常较低的主要原因可归结为其化学成分和结构特点。碳纤维主要由碳元素构成，其表面主要是碳–碳键，具有较高的碳原子密度。由于碳元素相对于氢、氧等其他元素较为电负性较低，碳–碳键通常呈现非极性或弱极性的性质，导致碳纤维表面的整体极性相对较低。碳纤维的结构特点也影响了其表面能的水平。碳纤维通常是由纤维束组成的，而在单个碳纤维的表面，由于其微观结构，表现出较为平整的特征。这种平整结构降低了表面的粗糙度，减少了表面与环境之间的相互作用，从而影响了表面能的水平。碳纤维表面能较低的原因主要在于其成分的非金属性和表面的相对平整结构。这一特性使得碳纤维在特定环境中表现出一定的疏水性，但在某些应用中，低表面能可能成为其与其他材料界面结合的限制因素。因此，在一些工程应用中，通过表面处理等方法调控其表面性质，以实现更好的黏附性能，成为一种常见的优化策略。

### （三）丰富的微观结构

碳纤维表面具有丰富的微观结构，其中包括微观凹坑、凸起等多样的特征。这些微观结构构成了碳纤维表面的不规则性，为其与其他材料之间的黏附提供了独特的机械锚定点。微观凹坑在碳纤维表面的分布呈现出一种独特的不规则性，这些凹坑的尺寸和形状多种多样。这种不规则性为表面提供了更多的表面积，使得碳纤维的表面更具机械锚定性。这些凹坑既能够在微观层面上提供更多的接触点，增强黏附力，又有助于形成更牢固的界面。微观凸起也是碳纤维表面的重要特征之一。这些凸起的存在使得表面不仅在平坦区域具有机械锚定的凹坑，还在凸起区域提供了额外的接触点。这种多层次的不规则结构有助于形成更加复杂、多维度的黏附网络，提高了碳纤维表面与其他材料之间的结合强度。碳纤维表面的微观结构，包括凹坑和凸起等，为其提供了丰富的机械锚定点，从而增强了与其他材料的黏附性能。这一特性不仅在微观层面上提高了表面积和机械锚定效应，还有助于形成更稳定、更耐久的界面结合，为碳纤维在复合材料中的应用提供了重要的优势。

## 二、聚合物基体的表面特性

### （一）化学成分丰富

聚合物基体的表面特性在化学成分上表现为丰富多样，这源于其分子结构中的多元功能基团。聚合物基体通常由重复单体通过聚合反应而形成，而这些单体往往包含各种不同的官能团，例如羰基、羟基、胺基等。这多样的官能团使得聚合物基体具有丰富的化学成分，为其表面性质的多样性奠定了基础。羰基是一类常见的官能团，存在于许多聚合物中，如聚酯、聚酰胺等。羰基的极性和反应性使得聚合物表面具有较高的活性，容易与其他材料形成化学键，从而影响界面的黏附性能。此外，聚合物基体中的羟基也是一个重要的官能团，它使得表面具有一定的亲水性，影响界面的润湿性和相容性。聚合物基体中的胺基等官能团也对表面性质产生显著影响。胺基具有较强的碱性和亲核性，使得聚合物表面易于与酸性或带有电荷的物质相互作用，从而影响黏附性能。这些化学成分的存在赋予了聚合物基体表面一定的化学活性，为其在复合材料中的黏附提供了多种可能性。聚合物基体的表面化学成分丰富多样，其中包括羰基、羟基、胺基等多种官能团。这些官能团的存在赋予了聚合物基体表面丰富的化学活性，为其在界面黏附中发挥重要作用提供了基础。在复合材料的制备中，了解并充分利用聚合物基体表面的化学成分，可以有针对性地优化界面性能，提高材料整体性能。

### （二）疏水性和亲水性

聚合物基体表面的疏水性和亲水性是其重要的表面特性之一，直接影响着材料在潮湿或液体环境中的表现和应用。这两者的平衡状态对于界面黏附和复合材料性能具有重要意义。聚合物基体表面的疏水性通常由于其分子结构中存在非极性或低极性的官能团。例如，聚烯烃类聚合物如聚乙烯、聚丙烯等，其主要由碳和氢构成，呈现出相对较低的极性，表现为较高的疏水性。此类聚合物表面常常难以被水分子湿润，具有较好的防潮性和抗湿润性，适用于一些对水分敏感的应用场景。亲水性聚合物基体表面则具有更多带电官能团，如羟基（—OH）、胺基（—$NH_2$）等，这些官能团赋予了表面较高的极性。亲水性表面具有优越的润湿性，能够与水分子形成氢键，表现出良好的亲水性。这种性质对于一些需要与水或液体接触的应用，比如生物医学、染料印染等领域，具有重要的应用价值。疏水性和亲水性在复合材料的制备中也有关键作用。在选择黏合剂或进行界面改性时，需要考虑聚合物基体表面的疏水性和亲水性，以确保黏附界面的相容性。适当的调控表面疏水性和亲水性，有助于提高复合材料的稳定性和性能。聚合物基体表面的疏水性和亲水性是由其分子结构和官能团的特性决定的，直接影响着材料在不同环境条件下的表现和应用。这两者的平衡状态对于复合材料的界面黏附和整体性能都具有深远的影响。

### （三）表面形貌不光滑

聚合物基体表面的形貌不光滑是指其表面存在各种微观结构，如起伏、孔洞、颗粒等，形成了一种不规则的表面形貌。这种不光滑的表面形貌对于复合材料的性能和黏附性能具有重要的影响。表面的不光滑结构可以提供更多的机械锚定点，增加与其他材料的黏附面积，从而增强黏附力。微观的起伏结构使得界面更具粗糙性，有助于形成更紧密的黏附区域，提高黏附的力学强度。这对于复合材料的整体性能和强度提供了有力的支持。不规则的表面形貌有助于形成更多的缺陷和裂纹，这些微观缺陷可以在界面处产生更多的机械锚定效应。这对于提高黏附界面的能量耗散能力和抗拉伸性能具有积极的作用。此外，不规则的表面形貌还有助于防止裂纹的扩展，提高了复合材料的疲劳寿命。在复合材料的制备中，通过合适的工艺控制和表面改性，可以调控聚合物基体表面的不光滑结构，以实现对黏附性能的优化。例如，可以采用化学方法、物理方法或机械处理等手段，调整表面形貌，以满足不同应用场景的需求。聚合物基体表面的不光滑形貌是复合材料中重要的特征之一，对于黏附性能和整体性能具有重要的影响。通过合理设计和优化表面形貌，可以实现复合材料在不同工程领域中更广泛的应用。

## 第五节　表面处理对黏附力的影响

### 一、化学成分调整

在表面处理的过程中，化学成分的调整是一项关键的策略，通过引入不同的官能团或化学基团，可以有效地调整材料表面的化学成分，从而在分子水平上改变材料的性质。这种调整在黏附力优化中具有重要的意义。等离子体处理是一种常见的表面处理方法，通过在材料表面引入活性官能团，如羟基、氨基等，从而增加表面能。羟基和氨基等亲极性官能团能够提高材料表面的亲水性，增强与聚合物基体的亲和性，从而加强黏附力。通过等离子体处理，表面的羟基和氨基含量显著增加，形成了更具活性的表面，有助于提高与聚合物基体之间的黏附性。

另一种常见的表面处理方法是氧化或硅化，通过引入氧元素或硅元素，实现表面化学成分的调整。氧化处理可以在材料表面形成氧化层，引入羟基，增加表面的亲水性。硅化处理则在表面引入硅元素，形成硅基官能团，提高表面能，并改善与聚合物基体的相容性。这些表面处理方法通过化学成分的有序调整，有效地改变了材料表面的性质，为优化黏附力创造了有利条件。化学成分的调整不仅仅是增加表面能，还可以实现表面的功能化。通过引入特定官能团，如羟基、氨基、羰基等，可以使表面具有更多的活性位点，增加分子间的相互作用力，从而提高黏附力。这种功能化的表面具有更丰富的化学反应性，有助于形成更牢固的黏附界面。化学成分的有序调整，表面处理方法能够有效地改变材料表面的性质，提高表面能，增强与聚合物基体的相容性，从而加强黏附力。这种策略为复合材料的性能优化提供了可行的途径，为材料设计和工程应用提供了重要的技术支持。

### 二、表面能的增加

表面处理所导致的表面能的增加是优化黏附力的关键方面。表面能的提高对于改善界面的相容性和减小表面能差异至关重要，这对于促进黏附过程具有显著的影响。表面能的增加可以通过引入更多的极性或功能性基团来实现，为黏附性能的改善提供了可行的途径。在表面处理中，一种常见的策略是引入极性官能团，如羟基、氨基等。这些亲极性官能团能够显著提高表面的亲水性，使其更易于与聚合物基体相互吸引，从而促进界面的形成。亲极性官能团的引入导致了表面能的增加，为黏附力提供了更有利的条件。特别是羟基的引入可以有效改善材料表面的亲水性，增强与水基或极性溶剂中的聚合物基体之间的相互作用，进而加强黏附。功能性基团的引入也是提高表面能的有效途径。通过引入具有特定功能的官能团，如羰基、氨基、硅基等，可以使表面具有更多的活性位点，增加分子间的相互作用力。这种功能性基团的存在使得表面在黏附过程中能够更有效地参与化学反应，形成更牢固的黏附界面。表面能的增加不仅是数量上的提高，更是质量上的改善。引入亲极性或功能性官能团并不仅是为了增加表面能的数值，更是为了在分子水平上提高表面的活性和黏附性。因此，表面能的增加通常伴随着表面性质的改变，使得表面更适合与聚合物基体相互作用，从而增强黏附力。

表面处理导致表面能的增加是一种重要的优化黏附力的手段。通过引入亲极性和功能性官能团，可以改善表面的活性，提高与聚合物基体的相容性，从而实现更强的黏附力。这一策略为复合材料的性能提升提供了有效的途径，为材料工程领域的发展做出了贡献。

## 三、微观结构的调整

微观结构的调整是表面处理对黏附力影响的关键方面之一。通过在微观尺度上调整材料表面的形貌和结构，可以显著影响黏附性能，为实现更强大的黏附力提供了有力的手段。微观凹坑和凸起等表面微观结构的引入可以提供更多的机械锚定点，从而增强与其他材料的黏附。这些微观结构在界面区域形成机械锁定，有助于增加表面接触面积，提高表面粗糙度，进而促进黏附。凹坑和凸起的存在使得界面更具有不规则性，这有助于形成更紧密、更有机械锁定效应的界面结构。

微观结构的调整对于提高表面的活性和增加活性位点也具有重要作用。通过在微观尺度上引入更多的官能团或功能性基团，可以使表面在分子水平上更具有活性。这些活性位点能够更有效地与聚合物基体发生相互作用，形成更强的分子间力，进而增强黏附力。微观结构的精心设计可以实现表面活性的定向提升，从而有选择性地增强与特定聚合物基体的相互作用。微观结构的调整也可以改变表面的物理形貌，例如改变表面的形状、排列方式等。这些调整可以影响表面的流变性质，使表面在黏附过程中更易变形和适应，有助于形成更加紧密的界面结构。通过微观结构的优化，可以在分子水平上实现更好的匹配，提高黏附性能。微观结构的调整是一项复杂而精密的工程，需要考虑多种因素，包括材料的特性、黏附界面的应力状态等。在进行微观结构设计时，需要深入理解黏附机制，充分考虑实际应用条件，以实现最佳的黏附性能。

微观结构的调整是表面处理对黏附力影响的重要方面。通过合理设计微观结构，可以实现表面形貌和结构的有针对性调整，从而显著改善界面的相容性和黏附性能。这为提高复合材料的黏附性能提供了可行的途径，具有重要的实际应用价值。

## 第六节　温度和湿度对黏附力的影响

### 一、温度对黏附力的影响

#### （一）热运动效应

热运动效应是温度升高导致分子热运动能量增加的现象，对于黏附力的影响在材料界面的微观层面具有显著的作用。随着温度的提高，分子在界面处的热振动能量也随之增加，这引起了多个重要的效应，对黏附性能产生直接影响。温度升高导致分子振动和扭曲的幅度增大，减小了在界面处的势垒。势垒是指两个相邻分子之间需要克服的能垒，其高度决定了分子之间的相互作用强度。由于热运动增大了分子的振动幅度，分子在原有位置附近产生更大的位移，势垒高度减小，使得分子更容易发生位移和重新排列。这一现象直接促使黏附分子之间的相互作用增强，从而提高了黏附力。热运动引起的分子振动还有助于降低分子之间的相对速度。在低温条件下，分子振动相对较小，分子之间可能以较高的相对速度运动，增大了黏附分子之间的相互滑移的可能性。而在高温条件下，分子振动增强导致分子之间的相对速度减小，减缓了相互滑移的过程，进而增强了分子间的实际接触，有利于提高黏附力。高温下的分子振动还有助于降低表面缺陷的影响。在低温条件下，表面缺陷可能对黏附性能产生更显著的影响，因为分子振动较小，表面缺陷可能导致更大的局部变形。而在高温条件下，分子振动增强可以使分子更容易填补表面缺陷，减轻其对黏附性能的不利影响。热运动效应在温度升高时对黏附力的提高起到了重要的作用。它通过降低势垒、减小相对速度、缓解表面缺陷等多个方面影响着分子间的相互作用，促使界面处的黏附分子更加紧密地结合在一起，从而在一般情况下有助于提高黏附力。

#### （二）热胀冷缩效应

热胀冷缩效应是指材料在温度变化下发生体积变化的现象。这一效应对于黏附性能具有显著的影响，因为温度的变化可以引起材料的膨胀或收缩，从而影响界面区域的微观结构，进而影响黏附性能。当材料受到升温作用时，发生热胀现象，导致材料的体积扩大。在界面处，这种体积扩大可能会导致界面实际接触面积的增加。原本微观凹坑、凸起等结构在热胀的作用下可能更加紧密地咬合在一起，使得黏附分子之间的有效接触面积增大。这样的变化对于黏附力的提高是有利的，因为更大的接触面积可以增强分子间的吸附效应，从而提高整体的黏附力。热胀可能导致材料内部的微观结构变化，进而影响界面区域的形貌。例如，微观的凹坑和凸起结构可能在温度升高时发生形变，使得原本相对平整的界面区域发生微观的形状调整。这种形貌的微调可能使界面更加适应外部载荷，提高黏附力的稳定性。此外，热胀还可能促使界面处的分子重新排列，使黏附分子之间的相互作用更加紧密。然而，需要注意的是，在温度下降时，材料会发生冷缩，导致体积减小。这可能导致原本在升温过程中形成的黏附力增强效应减弱。因此，在设计材料界面时，除了考虑热胀效应带来的正面影响外，还需要综合考虑冷缩效应可能带来的负面影响。热胀冷缩效应通过调整界面区域的微观结构和形貌，对黏附性能产生影响。温度升高时，体积的扩大可能增加实际接触面积，有利于提高黏附力。然而，随着温度的降低，冷缩效应可能减弱这种正面影响。因此，在实际应用中，需要综合考虑热胀冷缩效应对黏附性能的综合影响。

## 二、湿度对黏附力的影响

### （一）水分子吸附

水分子吸附是指在潮湿环境中，水分子吸附到材料表面的过程。这一过程在一些材料中尤为显著，尤其是对于具有亲水性表面的材料。水分子与材料表面的相互作用可以通过氢键等机制实现，从而影响黏附性能。亲水性表面的材料通常具有较高的表面能，使其更易于与水分子相互吸引。水分子在与材料表面相遇时，可能发生物理吸附或化学吸附，具体机制取决于材料的性质。在物理吸附中，水分子通过范德华力等相互作用吸附到表面，而在化学吸附中，水分子可能通过形成氢键等共价键相互作用。水分子的吸附可能导致表面能的改变。水分子的极性使得其在吸附到表面时引入了额外的极性相互作用。这种额外的相互作用可能导致表面能的增加，从而影响与其他材料的相容性。对于与水相互作用较强的材料，这种增加的表面能可能导致更强的黏附力。水分子吸附还可能在界面处形成水分子层，进一步影响黏附性能。这种水分子层的存在可能使得界面处的黏附分子在水分子层中的扩散和运动变得更为复杂。在一些情况下，这可能导致水分子层充当黏附分子的中介，使得黏附分子更容易通过水分子层相互作用。水分子吸附是一个复杂而多变的过程，其影响因材料的性质、表面特性及潮湿环境中的实际条件而异。在一些情况下，水分子吸附可能加强黏附力，而在其他情况下，可能对黏附性能产生负面影响。因此，在设计材料界面时，需要综合考虑潮湿环境中水分子吸附对黏附性能的潜在影响。

### （二）水分子介入

水分子的介入在一些界面处可能引入额外的分子间作用力，从而改变材料表面的性质。这一影响可以是暂时性的，但在特定条件下可能显著影响黏附性能。水分子的介入可能通过形成氢键等作用力改变材料表面的化学性质。水分子是极性分子，其分子内包含氢原子和氧原子，因此具有较强的极性。当水分子吸附到材料表面时，其中的氢原子可能与材料表面的一些官能团形成氢键。这种氢键作用可能在界面处引入额外的相互作用力，从而改变黏附性能。水分子的介入可能导致表面能的变化。水分子在表面的吸附可能使表面能增加，因为水分子的极性质会引入更多的极性相互作用。表面能的增加可能使材料表面更容易与其他极性物质相互吸引，从而增强黏附力。水分子的介入还可能在界面处形成水分子层，影响材料表面的摩擦和滑动性能。水分子层的存在可能在两个相互黏附的材料之间充当一种润滑剂，使得它们更容易相互滑动。这在一些情况下可能有助于提高黏附性能，特别是在需要材料在湿润环境中具有更好耐久性的情况下。水分子的介入也可能带来负面影响。例如，在某些情况下，水分子的介入可能导致材料表面的氧化和腐蚀，从而降低黏附性能。因此，在实际应用中，需要仔细考虑潮湿环境下水分子介入对黏附性能的具体影响，并采取相应的表面处理策略来优化黏附性能。

### （三）湿热膨胀

湿热膨胀是指在高温和高湿的环境下，材料吸湿后发生体积膨胀的现象。湿热膨胀对于复合材料、聚合物基体等在实际应用中的性能具有重要的影响，包括黏附性能。湿热膨胀的发生通常伴随着材料吸湿，这导致材料分子水合并吸附水分子。水分子的加入会改变材料的结构和性质，特别是在高温下，水分子更容易渗透到材料内部，引起分子结构的变化。这种变化可能导致材料的体积膨胀，形成微观缺陷，进而影响黏附性能。湿热膨胀引起的材料体积变化可能导致界面的微观结构发生改变。在复合材料中，界面的微观结构对于黏附力的传递和维持至关重要。湿热膨胀导致的界面微观结构变化可能会破坏原有的分子相互作用，影响界面的机械锚定效果，从而降低黏附性能。湿热膨胀还可能导致材料表面的粗糙度变化。当材料吸湿并膨胀时，可能会出现表面微观凹坑、凸起等不规则结构，这些结构的变化会对黏附性能产生直接影响。表面粗糙度的增加可能导致更大的接触面积，提高界面的机械锚定效果，有助于增强黏附性能。然而，过大的粗糙度也可能导致局部的应力集中，加剧黏附区域的损伤和磨损。湿热膨胀还与材料的热胀冷缩性质有关。材料在湿热条件下的膨胀和在高温条件下的热胀可能相互叠加，增大材料的整体膨胀量。这可能会导致复合材料中不同部分的膨胀不一致，引起内部应力，影响黏附性能的稳定性。湿热膨胀对于黏附性能的影响涉及材料的分子水合、微观结构变化、表面粗糙度调整及整体膨胀等多个方面。在实际应用中，需要综合考虑这些影响因素，选择合适的材料和黏附界面设计，以维持在湿热环境中的良好黏附性能。

### 三、温湿综合影响：湿热耦合效应

湿热耦合效应是指湿度和温度的相互作用，对材料性能产生综合影响。在湿润和温暖的环境中，湿热耦合效应对黏附力可能产生多方面的影响，需要全面考虑这些因素。湿度的变化会直接影响材料的吸湿性。随着湿度的增加，材料可能吸收更多的水分，导致体积膨胀和结构变化。这种吸湿效应会在分子水合和表面粗糙度变化等方面对黏附性能产生直接影响。而在高温条件下，湿度的增加可能导致水分子更容易渗透到材料内部，进一步改变材料的结构。湿热耦合效应还涉及材料的热胀冷缩性质。在湿润和温暖的环境中，材料可能经历更大的膨胀和收缩。这可能引起界面处的微观结构变化，影响黏附性能的稳定性。热胀可能增加界面的实际接触面积，有助于提高黏附力；然而，过大的膨胀可能导致内部应力，影响黏附区域的完整性。湿热环境中可能存在的水分子介入效应也需要考虑。水分子在湿润条件下更容易吸附到材料表面，形成氢键等相互作用。这可能增加分子间的吸引力，提高黏附力。然而，水分子的介入也可能导致临时性的界面变化，需要在不同条件下进行综合考虑。湿热耦合效应可能对材料的温湿度敏感性产生综合影响。在不同的湿度和温度条件下，材料的性能和黏附力可能表现出不同的趋势。因此，在实际应用中，需要进行系统性的温湿度环境测试，以了解湿热耦合效应对黏附性能的具体影响规律。

## 本章小结

本章主要讨论了碳纤维与聚合物基体的黏附力相关的多个方面，包括黏附力的影响因素、测量方法与评估技术、黏附力的优化策略、碳纤维与聚合物基体的表面特性、表面处理对黏附力的影响，以及温度和湿度对黏附力的影响。在黏附力的影响因素一节中，深入探讨了多个因素，如界面结构、化学成分、微观结构、力学性能等，对碳纤维与聚合物基体的黏附力产生的影响。这些因素相互交织，共同决定了复合材料的整体性能。测量方法与评估技术一节介绍了常用的黏附力测量方法，包括拉伸试验、剪切试验、剥离试验等，以及一些表征技术如 XPS 等，这些方法为准确评估黏附力提供了有力的手段。黏附力的优化策略一节详细探讨了多种优化途径，包括选择适当的界面剂、定制设计界面剂、热处理优化、微观结构优化、化学成分调控等，为实现更强黏附力提供了多个可行的方案。在碳纤维与聚合物基体的表面特性一节，对碳纤维和聚合物基体分别进行了表面特性的描述，包括化学成分、表面能、微观结构等，为理解二者在界面处的相互作用提供了基础。表面处理对黏附力的影响一节阐述了表面处理方法对改善黏附力的作用机制，包括等离子体处理、化学改性、选择适当的界面剂等，为工程实践提供了指导意义。本章还深入研究了温度和湿度对黏附力的影响。湿热耦合效应的分析表明，在湿润和温暖环境中，温湿度的综合影响对材料界面及黏附性能具有复杂的影响，需要全面考虑。通过对这些方面的综合讨论，本章为深入理解碳纤维与聚合物基体的黏附力提供了全面的视角，为材料设计与工程应用提供了指导思路。未来的研究方向可以着重于多尺度、多条件下黏附性能的深入研究，以更好地满足工程实践的需求。

# 第五章　界面性能与复合材料性能关系

## 引　　言

在复合材料中，纤维和基体之间的界面性能是决定整体性能的关键因素之一。这个微观层面的交界区域，扮演着连接和传递力学性能的重要角色。复合材料之所以能够展现出卓越的性能，很大程度上取决于纤维和基体之间的黏附力，以及这个界面如何应对外部环境和加载条件。界面性能直接影响了复合材料的强度、刚度、耐久性和疲劳寿命等关键性能。一个强大的界面可以有效地将纤维和基体紧密结合在一起，实现载荷的有效传递，从而提高整体的强度和刚度。相反，弱化的界面可能导致纤维和基体之间的脱粘、剪切和疲劳等问题，从而削弱了复合材料的性能。在材料工程中，对界面性能的深入理解和精准控制成为提升复合材料性能的核心任务。研究人员通过调控界面的化学成分、结构形貌和力学性质，致力于实现更强大、更耐久、更适应特定工程需求的复合材料。这一领域的不断创新为各种领域的应用提供了丰富的可能性，包括航空航天、汽车、建筑和体育器材等。随着科技的发展，界面性能研究不仅集中在宏观层面的材料性能提升，还包括对微观层面的原子、分子级别的理解。先进的表征技术和模拟方法使得科学家们能够深入探索界面的微观机制，为精准设计提供了理论基础。本章将深入剖析复合材料中界面性能与整体性能之间的关系。

## 第一节　界面的破坏

复合材料的性能受到其组成部分——纤维和基体之间界面性能的显著影响。在复合材料中，界面即纤维和基体之间的区域，其破坏对整体性能具有关键性影响。界面的分子层面相互作用是界面破坏的基本内涵之一。在复合材料中，纤维与基体之间的黏附力是由分子间相互作用力所构成的。这些相互作用包括范德华力、氢键、离子键等，它们在界面上形成微观的黏附区域。当外部载荷作用于复合材料时，这些分子层面的相互作用力会受到挑战，尤其是在高应力状态下，可能导致界面的破坏。因此，理解和控制分子层面的相互作用对预防界面破坏至关重要。复合材料的界面区域可能存在微观缺陷、裂纹等，这些微观结构在外部力的作用下可能发生演变。当外部载荷加大时，界面可能经历拉伸、剪切等形变，甚至可能出现微观断裂。微观结构的演变与复合材料的长期疲劳行为密切相关，因此理解和控制微观结构演变对提高界面抗疲劳性能至关重要。宏观性能的变化也是界面破坏的表现。当界面发生破坏时，复合材料的整体性能会发生显著变化。例如，强度和刚度可能下降，疲劳寿命可能减少，从而影响材料的可靠性和使用寿命。通过深入了解界面破坏引起的宏观性能变化，可以为优化复合材料设计提供重要线索。

## 一、裂纹的起始和扩展

裂纹的起始和扩展是复合材料界面破坏的关键过程，直接影响材料的疲劳寿命和整体耐久性。在外部加载作用下，复合材料中的裂纹往往起源于界面的微观缺陷、裂纹尖端或其他应力集中区域。一旦裂纹起始，其扩展过程将在材料内部蔓延，直至材料完全破坏。裂纹的起始阶段与材料的微观结构和界面质量密切相关。微观缺陷、异物夹杂或界面粘接不良的区域可能成为裂纹的发源地。界面处的高应力集中区域易于引发裂纹的起始，特别是在受到外部挑战时，如拉伸、剪切或复合载荷。因此，在材料设计和制备阶段，需要考虑并优化界面的质量，减少微观缺陷的存在，以延缓裂纹的起始。裂纹的扩展过程受到多种因素的综合影响，其中包括材料的力学性能、环境条件、载荷类型等。一般情况下，裂纹扩展的机制包括疲劳裂纹扩展、蠕变裂纹扩展等。在疲劳加载下，裂纹往往通过交替加载引起的循环应力扩展，这是复合材料在实际应用中经常面临的情况。蠕变裂纹扩展则与高温、高湿等环境条件下材料的变形行为密切相关。为了更好地理解裂纹的起始和扩展，需要运用先进的实验测试方法和数值模拟技术。在实验方面，可以通过断口分析、显微镜观察、电子显微镜等手段来研究裂纹的形貌和路径。数值模拟则可以通过有限元分析等方法，模拟裂纹的起始条件、扩展路径，预测材料的疲劳寿命。裂纹的起始和扩展是复合材料界面破坏机制中的关键环节。深入了解这一过程，有助于制定有效的材料设计和维护策略，提高材料的耐久性和可靠性。

## 二、失效模式的转变

失效模式的转变是复合材料在界面破坏的影响下发生的重要现象。在正常工作条件下，复合材料通常会表现出纤维拉伸、基体剪切等特定的失效模式，这些模式直接与材料的力学性能和结构有关。然而，当界面破坏发生时，失效模式可能经历转变，从而引发复合模式的产生，加剧了材料的复杂性。在界面完好的情况下，复合材料的失效主要由纤维断裂、基体剪切等单一失效模式组成。这些模式通常可以通过对材料的结构和性能进行系统分析来理解和预测。然而，一旦界面破坏发生，情况变得更加复杂。界面的破坏会导致纤维和基体之间的失效模式发生转变，产生了新的失效模式，如界面剥离、界面剪切等。界面剥离是一种常见的失效模式转变，尤其是在界面黏附力减弱或界面完全破坏的情况下。当界面失去黏附性能时，纤维与基体之间的黏附力无法有效传递载荷，导致界面剥离的发生。这会导致材料失去原有的整体性能，严重影响其力学性能和耐久性。另一种常见的失效模式是界面剪切，即界面处发生相对滑移。界面剪切通常伴随着黏附力的减弱，使得纤维和基体在外部加载下发生相对滑移。这种失效模式可能导致材料整体强度和刚度的降低，同时引入局部的应力集中。失效模式的转变使得复合材料在界面破坏后表现出更为复杂的失效行为。这对于材料设计、工程应用和性能预测提出了更高的要求。通过深入理解失效模式的转变机制，可以为制定更有效的界面改进策略提供有力的指导，提高复合材料的整体性能和可靠性。

## 三、界面削弱材料的整体强度

界面破坏对于复合材料整体强度的削弱是一个关键影响因素。在复合材料中，纤维和基体之间的界面起到连接和传递载荷的关键作用。当界面发生破坏时，这种连接被削弱，直接影响材料的整体性能。界面破坏导致了黏附力的减小。黏附力是纤维和基体之间相互作用的关键因素，它在外部加载下传递应力，使得材料能够共同承受负载。当界面破坏发生时，黏附力减小，导致载荷不能有效地传递，从而使材料更容易发生破坏。界面的削弱可能引发局部应力集中。在正常工作条件下，良好的界面可以分散外部加载导致的应力，使得应力均匀分布在材料结构中。然而，一旦界面破坏，可能导致局部区域的应力集中，增加了这些区域的破坏风险。这种应力集中效应使得材料更容易出现裂纹的起始和扩展，从而削弱了整体强度。界面破坏可能导致失效模式的转变，从而进一步降低整体性能。例如，界面剥离和剪切等失效模式的产生会导致材料在外部加载下表现出不同的力学行为，进一步加剧了材料的复杂性。这些失效模式的转变可能引起不同尺度上的破坏机制，使得整体性能的评估和预测变得更加困难。界面破坏在很大程度上削弱了复合材料的整体强度。这对于材料的工程应用和性能优化提出了挑战。通过深入理解界面破坏的机制，可以为制定有效的改进策略提供指导，提高复合材料的整体性能和耐久性。

## 四、界面疲劳

界面疲劳是复合材料在实际应用中所面临的重要问题之一，对材料的寿命和耐久性产生显著影响。疲劳行为指的是在多次加载和卸载循环中，材料或界面经历的持续应力和变形变化，这可能导致微观层面的裂纹和最终的失效。界面的疲劳行为往往表现为界面内部的微观破坏。在循环加载过程中，由于黏附层的不断变形，界面区域可能会发生微观层裂纹的生成和扩展。这些微观裂纹可能沿着界面扩展，逐渐积累，最终导致界面的失效。界面失效会显著降低材料的整体性能，影响材料的使用寿命。界面疲劳可能引发材料的整体疲劳破坏。当界面失效后，材料在外部加载下的应力集中往往更加显著，这有可能引发整体性能的疲劳破坏。材料的整体疲劳破坏可能表现为裂纹的扩展、变形的增加，甚至可能引发材料的完全失效。这对于需要长时间使用和承受重复加载的工程应用而言，是一个严重的问题。界面疲劳行为还会影响复合材料的耐久性。在一些实际应用场景中，材料需要经历长时间的循环加载，比如飞机机身、汽车结构等。界面疲劳导致的微观破坏和失效可能在材料的寿命中起到决定性作用。因此，对于提高复合材料的耐久性，必须深入理解和有效管理界面的疲劳行为。界面疲劳是影响复合材料性能和耐久性的重要因素。通过深入研究界面疲劳的机理，可以为制定改进策略、延长材料寿命提供指导，从而推动复合材料在工程领域的更广泛应用。

## 五、界面的修复难度大

界面的修复难度是复合材料界面破坏后维护和修复中的一个关键问题。与其他材料相比，复合材料中的界面结构通常更为复杂，由于纤维和基体之间的黏附力降低，界面的破坏往往更为严重，增加了修复的难度。复合材料的界面结构通常较为复杂。由于采用不同的纤维和基体组合，以及不同的黏附剂和界面处理方法，界面区域可能具有多层结构和多样的化学成分。这使得在修复过程中需要充分了解和还原界面的原始结构，以确保修复后的性能符合设计要求。界面破坏通常涉及微观层面的损伤。微观裂纹、疲劳破坏和界面区域的局部破坏都可能存在，而这些微观层面的损伤对修复的精准性和复杂性提出了挑战。修复过程需要考虑到这些微观损伤的存在，确保修复后的界面能够有效传递载荷并恢复原有性能。黏附性能的恢复是一个关键问题。由于界面破坏通常涉及黏附层的失效，修复过程中需要重新建立纤维和基体之间的黏附。选择合适的黏附剂和修复方法，确保其能够有效地提高黏附性能，是修复复合材料界面的一个挑战。修复材料的选择也是影响修复难度的因素之一。需要选择与原始材料相匹配的修复材料，包括黏附剂、树脂基体等。同时，修复材料的物理和力学性能也需要与原材料相适应，以保证修复后的结构在使用中能够承受相似的加载和环境条件。由于复合材料界面的复杂性和微观结构的独特性，其修复难度相对较大。需要综合考虑原始结构的复杂性、微观损伤的存在、黏附性能的恢复及修复材料的选择等多个方面因素。这也强调了在复合材料的设计和制造过程中，预防措施和维护保养的重要性，以减少界面破坏的发生，降低修复难度。

## 六、破坏的监测和预测

破坏的监测和预测是复合材料研究和应用中至关重要的一环。准确、及时地监测和预测破坏行为有助于及早发现潜在问题、改善材料设计和制造过程，并提高复合材料的可靠性和耐久性。监测方法：无损检测技术是破坏监测的主要手段之一。这包括超声波检测、X 射线检测、红外热成像等方法。通过这些技术，可以在不破坏结构的前提下，对材料内部的缺陷、裂纹和异物进行探测，提供了关于结构完整性的重要信息。声发射检测是一种通过监听材料内部的微小声音来判断破坏状态的方法。当材料发生微裂纹、裂缝扩展或其他破坏行为时，会伴随着微小的声音放射。通过对这些声音的分析，可以实时监测材料的破坏过程。电阻率变化监测是基于复合材料内部的电阻率通常随着破坏的发生而发生变化。通过测量材料的电阻率变化，可以判断材料的破坏程度，特别是在涉及导电纤维的复合材料中，这种监测方法更为有效。

预测方法有：数值模拟，数值模拟是一种通过计算机仿真来预测复合材料破坏行为的方法。有限元分析等数值方法可以模拟材料在受力条件下的应力分布、应变分布，以及破坏的发生和扩展过程。这使得工程师可以在实际测试之前预测结构的性能。损伤力学模型，是一种基于材料损伤机制的理论框架，可以用来预测复合材料的破坏行为。这些模型考虑了裂纹扩展、纤维断裂等破坏机制，通过建立数学方程描述材料的损伤演化，从而提供对破坏行为的定量预测。基于历史试验数据的统计分析也是一种预测破坏行为的方法。通过对大量试验数据的分析，可以识别出与破坏相关的关键因素，建立统计模型，从而预测未来结构在相似工况下的破坏可能性。破坏的监测和预测通常需要综合运用多种方法。通过无损检测技术获取内部缺陷信息，结合声发射检测和电阻率变化监测实时追踪破坏进程。同时，数值模拟和损伤力学模型可以在设计阶段就对材料的性能进行评估和预测，为结构的安全性提供有力支持。这些方法的综合运用有助于全面、准确地了解复合材料破坏的过程和机理，为工程实践提供科学依据。

## 第二节　力学性能

### 一、强度

复合材料的力学性能中的强度是影响界面性能的关键因素之一。强度是指材料抵抗外部加载引起破坏的能力，而在复合材料中，界面区域往往是整体性能的瓶颈。复合材料在实际应用中通常面临各种外部载荷，而强度直接影响着材料对这些载荷的抵抗能力。高强度的复合材料界面能够更有效地传递和分布外部载荷，使得纤维和基体之间的协同工作更为紧密，从而提高整体性能。强度与界面的完整性密切相关。在外部加载下，高强度的界面更能够抵抗微观结构的破坏，维持界面的完整性。这有助于防止裂纹扩展和整体性能的降低。复合材料的界面黏附性能与强度直接相关。高强度的界面通常意味着分子间相互作用更强，黏附性能更好。这对于纤维和基体之间的紧密结合至关重要，影响整体材料的性能。复合材料在使用过程中可能会经历多次加载和卸载，而强度的提高通常意味着更好的耐疲劳性。强度较高的界面能够更好地抵抗疲劳载荷引起的微观疲劳裂纹扩展，延长复合材料的使用寿命。强度的变化可能导致界面破坏模式的改变。在外部加载下，低强度的界面可能更容易发生破坏，而高强度的界面可能以更为韧性的方式响应加载，影响材料的失效过程。复合材料在不同环境条件下的性能变化与强度密切相关。高强度的界面通常更能抵御温湿度变化引起的性能波动，保持稳定的力学性能。在设计和制造复合材料时，需要全面考虑强度对界面性能的综合影响。通过优化界面的强度，可以实现更高效、更可靠的复合材料，满足不同工程应用的需求。

### 二、刚度

刚度是材料在受力时对形变的抵抗能力，通常用应力–应变曲线中的斜率来表示。它反映了材料对外部力的响应速度，即单位应变下材料所能承受的应力大小。在复合材料中，刚度是一个关键的力学性能参数，直接影响材料的弹性和变形行为。刚度的提高意味着更大的载荷传递效率，良好的刚度有助于在外部加载时均匀分布应力。在复合材料中，界面是纤维和基体之间的协同工作区域，其刚度直接影响载荷在材料中的传递效果。高刚度界面能够更有效地传递载荷，提高复合材料的整体性能。刚度越高，材料对形变的抵抗能力越强。在界面性能方面，这意味着高刚度界面能够更好地抵抗外部扰动和形变，有助于维持复合材料的结构完整性。刚度不仅影响了载荷传递，还与界面的完整性密切相关。高刚度的界面能够抵抗外部加载引起的微观结构破坏，维持界面的完整性。相反，低刚度可能导致界面区域的局部失效，影响复合材料的长期稳定性。刚度与黏附强度密切相关。在高刚度界面下，分子间相互作用更强，黏附性能更好。这有助于维持纤维和基体之间的紧密结合，增强界面的黏附强度。刚度对复合材料的疲劳性能有显著影响。高刚度界面能够更好地抵抗疲劳载荷引起的微观疲劳裂纹扩展，延长复合材料的使用寿命。不同的界面材料具有不同的刚度特性。通过选择合适刚度的界面材料，可以实现复合材料的定制设计，以满足特定工程应用需求。刚度对复合材料在不同温湿度条件下的性能变化敏感。高刚度界面可能更抵抗温湿度引起的变化，保持材料的力学性能。在复合材料中，刚度与界面性能相互交织，通过优化界面的刚度可以有效提高复合材料的整体性能，使其更加适用于各种应用领域。

## 三、韧性

复合材料的韧性是指材料在承受外部加载时能够抵抗破坏并吸收能量的能力，通常体现为材料的延展性和抗冲击性。在复合材料中，韧性与界面性能之间存在密切关系，影响着材料的整体性能和使用寿命。韧性的提高通常伴随着材料对裂纹扩展的更好抵抗能力。在复合材料中，如果界面区域具有足够的韧性，它能够更好地抵抗裂纹的扩展，维持黏附强度。这对于确保纤维和基体之间的牢固结合至关重要，影响整体材料的性能。韧性的提高意味着复合材料更能够阻止和吸收裂纹的扩展。这在界面破坏时尤为关键，因为韧性足够的界面能够防止裂纹迅速扩展到整体材料，减缓失效过程，提高复合材料的耐久性。复合材料在使用中可能经历多次加载和卸载，而韧性的提高对于材料的疲劳性能至关重要。高韧性的界面能够更好地抵抗疲劳裂纹的扩展，延缓材料的疲劳失效。韧性的提高可能导致失效模式的改变。在韧性较低的情况下，界面破坏可能更容易引发整体材料的失效。而韧性较高的界面可能表现出更为韧性的失效模式，影响材料的整体表现。复合材料在不同的环境条件下表现出不同的性能，而韧性的提高通常意味着更好的环境适应性。具有高韧性的界面能够更好地应对温湿度变化等外部环境因素，保持稳定的力学性能。韧性对于复合材料的界面性能具有多方面的影响，包括黏附强度的保持、裂纹阻止和吸收、疲劳性能的提高，以及环境适应性的增强。在复合材料的设计和制造中，综合考虑韧性与其他性能指标，可以实现更加可靠和耐久的材料应用。

## 四、疲劳性能

疲劳性能是评估复合材料在多次循环加载和卸载过程中的耐久性能，对于实际工程应用至关重要。疲劳性能的提高对于界面性能有着直接而深远的影响，涉及复合材料在动态加载条件下的稳定性和寿命预测。复合材料在疲劳加载过程中，由于循环应力的作用，裂纹可能在界面附近产生。良好的界面性能可以阻止裂纹的扩展，减缓裂纹的扩散速度，从而提高材料的疲劳寿命。界面的黏附强度和韧性是影响裂纹行为的关键因素。疲劳加载过程中，复合材料经历多次加载和卸载，这导致了界面处的复杂应力状态。界面的负荷分布对疲劳性能至关重要。较为均匀和适度的应力分布有助于减缓材料的疲劳失效，而差异较大的应力分布可能导致界面的损伤和失效。界面区域的疲劳裂纹扩展是影响疲劳性能的关键因素之一。界面疲劳裂纹的扩展速度受到界面黏附强度、界面韧性等因素的制约。良好的界面性能可以有效地减缓裂纹扩展速度，延缓材料的失效。复合材料在实际应用中可能经受不同温湿度条件的影响，而这些环境因素会对材料的疲劳性能产生影响。界面的温度和湿度敏感性会直接影响到复合材料的疲劳性能表现，因此界面设计的稳定性对于材料在各种环境条件下的耐久性具有重要作用。疲劳性能通常涉及高频加载，而这对于界面的响应有一定的要求。界面的黏附性和强度需要在高频加载条件下保持相对稳定，以确保复合材料在实际使用中具有可靠的耐久性。复合材料的疲劳性能与界面性能之间存在密切关系，通过优化界面设计、提高界面黏附强度和韧性等手段，可以有效提升复合材料在复杂动态加载条件下的稳定性和寿命，从而更好地满足实际工程应用的需求。

## 五、耐久性

耐久性是评估材料在长时间使用中稳定性和持久性的重要性能指标。在复合材料中，耐久性直接受到其力学性能的影响，而界面性能在其中扮演着关键的角色。复合材料在长时间使用过程中，会受到多种外界因素的影响，如紫外线辐射、化学介质侵蚀等。界面的老化特性直接影响着复合材料整体的耐久性。优秀的界面性能可以有效抵抗外部环境对界面的侵蚀，延缓材料老化的速度，从而保持其力学性能的长期稳定性。在复合材料的实际使用中，往往会经历多次循环负载，这对于材料的耐久性提出了更高的要求。界面的性能直接影响到循环加载下的材料疲劳行为。高强度、高韧性的界面有助于抵抗循环负载引起的损伤，保障复合材料在循环加载下的长寿命性能。复合材料在湿热环境中使用时，界面的稳定性显得尤为重要。湿热环境可能导致界面的黏附强度下降、界面裂纹的产生等问题，从而影响材料的整体耐久性。因此，界面设计需要考虑湿热环境下的稳定性，采用合适的界面处理方法提高耐久性。复合材料的耐久性与其整体性能密切相关。耐久性的提高需要全面考虑力学性能、化学稳定性、疲劳寿命等多个方面，而界面性能在其中起到了协同作用。界面的稳定性有助于维持整体性能，延缓材料老化过程，提高复合材料的使用寿命。针对界面老化和损伤问题，界面修复和再生技术成为提高复合材料耐久性的一种重要手段。通过引入自修复功能，可以在一定程度上弥补由于耐久性下降引起的性能损失。复合材料的耐久性受到其力学性能和界面性能的共同影响。通过优化界面设计、提高界面的稳定性和抗老化性能，可以有效提升复合材料的整体耐久性，使其更好地适应复杂多变的实际使用环境。

## 六、压缩性

在复合材料中，压缩性能是指材料在受到垂直于其表面的压缩载荷时的抵抗能力。这一性能与界面性能有着密切的联系，因为界面的稳定性直接影响了材料整体在压缩加载下的表现。复合材料的界面黏附强度直接影响其在压缩加载下的性能。强大的界面黏附强度能够有效地传递载荷，使得纤维和基体之间形成更为紧密的结合，从而提高材料的整体压缩性能。相反，弱化的界面可能导致分离或滑移，降低了复合材料在压缩加载下的稳定性。界面裂纹是影响复合材料压缩性能的重要因素之一。在外部压缩作用下，如果界面存在裂纹，裂纹可能在界面处扩展，导致界面的破坏。因此，压缩性能的提高需要在界面设计中考虑裂纹的控制和抑制。复合材料在使用过程中可能经历各种外界因素引起的损伤，而这些损伤对于材料的压缩性能有着直接的影响。界面修复技术可以有效地修复和强化受损的界面，提高其黏附强度，从而恢复和提高复合材料的压缩性能。复合材料的微观结构，尤其是纤维的分布和排列方式，直接关联着材料的压缩性能。界面的设计需要考虑微观结构对压缩性能的影响，通过合理控制界面的结构及与纤维的相互作用，来提升材料在压缩状态下的性能。在潮湿或高温环境下，复合材料的压缩性能可能会受到影响。界面在这样的环境中可能发生化学变化，导致黏附力的减弱。因此，对于在这些特殊环境下使用的复合材料，需要特别关注界面设计以提升其压缩性能。复合材料的压缩性能与界面性能紧密相连。通过优化界面设计、提高黏附强度及采用适当的修复技术，可以有效提升复合材料在压缩加载下的性能，使其更加适应各种实际工况。

### 七、抗剪性

抗剪性是复合材料力学性能中的重要指标之一，指的是材料在受到剪切力作用时的抵抗能力。这一性能与界面性能密切相关，因为界面的强度和稳定性直接影响材料整体的抗剪性。复合材料的抗剪性能在很大程度上受到界面的黏附强度的影响。强大的界面黏附能够有效传递剪切载荷，使得纤维和基体之间形成紧密的结合，提高材料的整体抗剪性能。反之，弱化的界面可能导致分离或剪切滑移，降低了复合材料在抗剪加载下的稳定性。复合材料在抗剪加载下，界面区域可能发生较大的形变。界面的设计需要考虑这些形变对黏附强度的影响，以确保在抗剪加载下，界面能够保持稳定，不发生过大的形变和变形。界面裂纹是影响复合材料抗剪性能的关键因素之一。在外部抗剪作用下，裂纹可能在界面处产生并扩展，导致界面的破坏。因此，抗剪性能的提高需要在界面设计中考虑裂纹的控制和抑制。复合材料在使用过程中可能遭受各种外界因素引起的损伤，而这些损伤对于材料的抗剪性能有直接的影响。界面修复技术可以有效地修复和强化受损的界面，提高其抗剪强度，从而恢复和提高复合材料的抗剪性能。复合材料的微观结构，尤其是纤维的分布和排列方式，直接关联着材料的抗剪性能。通过合理控制界面的结构及与纤维的相互作用，可以提升材料在抗剪状态下的性能。在潮湿或高温环境下，复合材料的抗剪性能可能会受到影响。界面在这样的环境中可能发生化学变化，导致黏附力的减弱。因此，对于在这些特殊环境下使用的复合材料，需要特别关注界面设计以提升其抗剪性能。

## 第三节　耐热性能

### 一、热稳定性

热稳定性是复合材料耐热性能的关键指标之一，指的是材料在高温环境下的稳定性和耐受能力。这一性能对于复合材料在高温工况下的应用至关重要，而其影响因素之一即为界面的热稳定性。复合材料在高温下容易发生热膨胀，而界面区域的热膨胀系数匹配性直接影响了复合材料整体的热稳定性。当纤维和基体的热膨胀系数相近时，可以减少界面区域的热应力，有利于维持良好的界面连接，提高复合材料的整体耐热性。界面的黏附强度在高温下可能发生变化，这与界面的热稳定性密切相关。高温可能导致界面区域的化学变化，影响黏附剂或界面剂的性能，从而降低黏附强度。热稳定性良好的界面剂可以在高温环境中保持黏附性能，提高复合材料的使用温度范围。复合材料的界面微观结构在高温环境中可能发生变化，例如相变、界面裂纹的产生等。这些微观结构的稳定性直接关联到界面的热稳定性，对于保持复合材料整体性能具有重要作用。在高温环境中，氧化反应可能对复合材料的界面产生负面影响。热稳定性良好的界面材料通常具有较高的耐氧化性能，能够有效防止界面区域的氧化损伤，保持黏附性能。高温环境下，复合材料的界面可能会受到一些损伤，如裂纹、界面剥离等。耐高温的界面材料通常具备自修复或易修复性，可以在高温条件下有效修复界面损伤，提高复合材料的耐久性。热稳定性良好的界面设计可以显著提高复合材料的应用温度范围。在高温环境下，耐热性能良好的界面有助于维持复合材料的整体性能，延长其在极端工况下的使用寿命。在设计高温工作条件下使用的复合材料时，需要充分考虑界面的热稳定性，选择合适的界面材料和界面设计策略，以确保复合材料在高温环境中能够保持优异的性能表现。

## 二、热膨胀系数

热膨胀系数是描述材料在温度变化下线膨胀或收缩的性质之一，对于复合材料的耐热性能具有重要影响，特别是其与界面性能的关系更显得紧密。复合材料中纤维和基体通常具有不同的热膨胀系数。若界面区域的热膨胀系数与纤维、基体相近，有助于减小界面区域的热应力。热应力的减小可以维持界面的强度和稳定性，从而增强复合材料的整体耐热性。若界面区域存在热膨胀系数失配，会导致在温度变化下微观损伤的产生。这种微观损伤可能表现为裂纹、剥离或界面失效。因此，合理设计具有匹配热膨胀系数的界面结构，有助于减缓热膨胀失配引起的微观损伤。界面黏附性能受到热膨胀系数差异的直接影响。当热膨胀差异较大时，可能导致黏附剂或界面剂的性能变化，进而影响黏附强度。合理选择热稳定性良好的黏附剂或界面剂，有助于维持在温度变化下的黏附性能。热膨胀匹配性良好的界面区域更有可能在高温环境中发生损伤后自行修复。这种自修复性有助于维持界面的完整性，提高复合材料的长期稳定性。综合考虑热膨胀系数对界面性能的影响，合理选择具有匹配热膨胀性能的材料和设计界面结构，对于提高复合材料的耐热性能至关重要。在实际应用中，对于高温工况下的复合材料设计，应综合考虑热膨胀匹配性、界面稳定性和耐高温微观结构变化等方面，以实现材料性能的协同提升。

## 三、抗高温老化

抗高温老化是评估复合材料在高温环境下稳定性的关键性能之一。高温老化可能导致材料的物理性能、力学性能及微观结构的变化。因此，复合材料在高温条件下的应用要求具备优异的抗高温老化性能。复合材料的基体在高温环境中的热稳定性直接影响整体材料的抗高温老化能力。热稳定性较好的基体能够维持其物理和化学性质，减缓在高温条件下的降解过程。纤维在高温环境中容易受到氧化的影响，导致其性能下降。因此，复合材料中的纤维应具备较强的抗氧化性，能够在高温条件下维持其强度和刚度。复合材料中纤维和基体之间的界面区域往往是高温老化的敏感区域。具有耐高温性的界面材料能够保护纤维和基体，维持它们之间的黏附性能，从而延缓高温老化的发展。抗高温老化的复合材料应当具备微观结构的稳定性。这包括纤维的排布、界面的形态等方面。在高温环境中，微观结构的变化可能导致材料性能的丧失，因此维持结构的稳定性至关重要。

通过在复合材料中添加抗老化剂，可以有效提高材料的抗高温老化性能。这些抗老化剂可以在高温环境中稳定材料的分子结构，减缓降解的速度。抗高温老化的复合材料还应具备较好的维修性。在实际应用中，复合材料可能会遭受一些外部冲击或损伤，具备高温环境下的维修性有助于延长材料的使用寿命。在工程应用中，设计和选择抗高温老化性能优异的复合材料至关重要。综合考虑基体、纤维、界面、添加剂等因素，实现复合材料在高温环境下稳定、可靠的性能表现。

## 四、高温下的化学稳定性

高温下的化学稳定性是材料在极端温度条件下维持其化学结构和性质的能力。在高温环境中，材料可能面临各种化学反应和降解过程，这可能影响其性能和使用寿命。高温下，一些材料可能经历热分解反应，导致分子的断裂和挥发。这可能导致材料的质量损失和性能下降。具有高化学稳定性的材料在高温条件下能够抵抗或减缓这些热分解过程，保持其结构的完整性。高温下，氧化反应和腐蚀过程可能更为显著。化学稳定性较高的材料能够抵抗与氧气、水蒸气或其他化学物质的不良反应，防止材料的氧化和腐蚀，从而保持其性能。在高温环境中，材料可能受到酸碱性环境的影响。具有高酸碱稳定性的材料可以在酸性或碱性条件下保持相对不变的化学性质，从而提高在腐蚀性环境中的耐受性。一些高温应用中的材料可能包含特定的官能团，用于实现特定的性能。这些官能团在高温下可能面临降解。具有高化学稳定性的材料可以保持其功能性官能团的完整性，确保其在高温环境中的性能。在复合材料中，界面的化学稳定性尤为重要。界面材料需要能够在高温条件下维持其黏附性能，防止分层、剥离等现象的发生。对于一些生物医学应用而言，材料的生物相容性也是一个关键考虑因素。高温下，材料的生物相容性可能会发生变化，因此高化学稳定性可以确保材料在这些应用中的可靠性。高温下的化学稳定性对于确保材料在极端工作条件下的可靠性至关重要。工程师和研究人员在材料选择和设计过程中应考虑到高温下的化学环境，以确保所选材料在实际应用中能够表现出卓越的化学稳定性。

## 五、高温下的电绝缘性

高温下的电绝缘性能与界面性能密切相关，这涉及复合材料在极端环境中的工作条件。在高温环境下，电绝缘性能的保持对于保障设备、材料系统的正常运行至关重要。复合材料的界面通常由纤维和基体组成，而这些材料的选择在高温环境中尤为关键。如果界面材料在高温下失去稳定性，可能导致电绝缘性能的下降。因此，选择具有良好耐高温性能的界面材料对于保持电绝缘性至关重要。界面材料的热膨胀系数与纤维和基体的膨胀系数匹配性是一个关键考虑因素。在高温下，材料可能会发生热膨胀，如果不同组分之间的膨胀系数不匹配，可能导致界面失效，从而影响电绝缘性能。高温环境下，界面的稳定性显得尤为重要。界面破裂、分解或发生其他形式的破坏可能导致电绝缘性能下降。因此，提高界面的稳定性，特别是在高温条件下的稳定性，对于保障电绝缘性能至关重要。黏附强度是界面的一个重要性能指标，对于在高温下维持复合材料的完整性至关重要。强大的黏附能力有助于防止界面分层和裂纹的形成，从而有助于保持电绝缘性。在高温环境中，材料的导热性可能会增加。如果界面的导热性不足，可能导致局部温度升高，从而影响电绝缘性能。因此，在高温下维持适当的导热性也是关键因素。在高温湿热环境下，材料的性能可能受到挑战。界面材料需要具有对湿度和高温共同作用的稳定性，以确保电绝缘性能不受影响。在实际应用中，为了提高高温下电绝缘性能，需要综合考虑界面材料的选择、设计、工艺等多个方面因素。通过合理的设计和选择，可以使得复合材料在高温条件下仍能保持出色的电绝缘性能，满足特定工程要求。

# 第四节　耐腐蚀性能

## 一、耐化学腐蚀性能

耐化学腐蚀性能是衡量复合材料在不同化学环境中是否能够抵抗腐蚀的关键性能之一。复合材料作为一种重要的结构材料，在实际应用中可能会接触到各种化学物质，如酸、碱、溶剂等。其耐化学腐蚀性能直接关系到材料在不同工作环境中的稳定性和可靠性。复合材料的耐化学腐蚀性能受多方面因素的影响，首先是材料的化学成分。合理选择和设计材料的组分，使其具有较好的稳定性，对抗特定化学物质的侵蚀，是提高耐化学腐蚀性能的基础。例如，通过引入特殊的官能团或添加剂，可以使复合材料对酸性或碱性介质表现出更好的稳定性。表面处理和涂层技术也是提高耐化学腐蚀性能的有效手段。在复合材料的表面引入能够增加表面能、改善亲水性或亲油性的官能团，可以减缓化学物质对材料的侵蚀速度，提高耐腐蚀性。耐化学腐蚀性能的评估通常需要进行实验室测试，模拟实际工作环境中的化学腐蚀条件。在测试中，可以使用不同浓度和种类的化学物质，观察材料在这些条件下的表现。这样的测试能够为材料的选择和设计提供有力的依据，确保其在特定化学环境下具有良好的稳定性。耐化学腐蚀性能的提高有助于拓展复合材料在化工、航空航天、汽车等领域的应用范围。通过深入理解不同化学物质对材料的影响机制，以及采用有效的改性手段，可以更好地满足复合材料在复杂化学环境中的实际工程需求。

耐化学腐蚀性能与复合材料的界面性能密切相关，它直接影响材料在化学环境中的长期稳定性和可靠性复合材料的界面黏附力对其在化学环境中的稳定性具有重要影响。强大的界面黏附力有助于抵抗化学腐蚀引起的应力和裂纹，防止介质渗透到材料内部，从而提高耐化学腐蚀性。通过调控界面黏附力，可以改善复合材料对化学介质的抗侵蚀能力。界面的化学成分直接关系到其在化学环境中的稳定性。合理选择和设计界面的成分，如引入特殊的官能团或使用特殊的涂层，可以提高材料的化学稳定性，使其更能抵御腐蚀介质的侵蚀。微观结构的巧妙设计可以增强界面的密封性和防护性。通过调控界面的微观结构，例如引入微观凹坑、提高表面能等，可以有效防止腐蚀介质渗透，减缓化学反应的发生，从而延缓材料的腐蚀破坏。界面性能的优化需要通过系统的实验测试来验证。耐化学腐蚀性能的测试应当考虑到实际应用中可能遇到的不同化学介质，以保证材料在各种工作环境中都能表现出良好的耐腐蚀性。

## 二、耐电化学腐蚀性能

耐电化学腐蚀性能是指复合材料在电化学环境中抵抗腐蚀的能力，涉及电化学反应、电极过程和材料在电场作用下的稳定性。复合材料在电化学环境中可能受到不同的电极反应的影响，其中一些反应可能导致材料的电化学腐蚀。耐电化学腐蚀性能的优异表现要求材料对电极反应有一定的抵抗能力，防止不良的电化学反应引起的腐蚀破坏。电化学腐蚀通常需要存在电解质，它会在复合材料表面引发电化学反应。复合材料的界面要具备一定的密封性，以减少电解质的渗透，从而防止电化学腐蚀的发生。合理的界面设计可以有效降低电解质的侵入，提高耐电化学腐蚀性能。复合材料在电场作用下会有不均匀的电流密度分布，导致局部区域的电化学腐蚀更为严重。因此，耐电化学腐蚀性能的提高需要考虑电流密度分布的影响，通过优化界面结构、调整导电性等手段，使得电流均匀分布，减缓腐蚀过程。复合材料在电化学环境中，其电极势的变化可能引起电化学反应，从而影响腐蚀行为。通过控制电极势，可以调控电化学腐蚀的发生。界面设计可以考虑引入电极势调控的元件，以提高复合材料的耐电化学腐蚀性。耐电化学腐蚀性能的提高还需要选择具有较高电化学稳定性的材料。耐电化学腐蚀性能好的材料通常具备较低的电化学活性，对于电化学环境中的腐蚀反应相对不敏感。为了全面了解复合材料在电化学环境中的性能，需要进行一系列的电化学腐蚀行为的模拟与测试。这包括使用恒电位、循环伏安等测试方法，通过实验数据获取材料在电化学环境中的响应，为提升耐电化学腐蚀性能提供有效的数据支持。耐电化学腐蚀性能的研究不仅对于电化学行业，还对于电子器件、化工设备等领域的应用具有重要意义。通过深入研究和实验验证，可以有效提升复合材料在电化学环境中的稳定性和可靠性，推动其在更广泛领域的应用。

耐电化学腐蚀性能与界面性能之间存在紧密的关系，它直接影响着复合材料在电化学环境中的稳定性和性能表现。复合材料的界面在电化学环境中扮演着关键的阻隔角色。一个良好设计的界面结构能够有效减缓电解质的渗透，限制有害离子的进入，从而减少电化学腐蚀的发生。界面的密封性和防护性直接影响复合材料的整体抗腐蚀性能。耐电化学腐蚀性能的提升要求复合材料的界面对电解质的侵蚀具有一定的抵抗能力。界面设计应该考虑电解质对材料的腐蚀性，通过选择适当的界面材料和结构来减缓电解质的侵蚀，提高耐腐蚀性。复合材料在电化学环境中可能发生各种电化学反应，这些反应的发生与界面的化学成分、结构密切相关。界面的化学活性、电导率等特性会直接影响电化学反应的进行，从而影响材料的电化学腐蚀性能。在电化学环境中，复合材料的界面与电极过程协同工作。一个优异的界面能够有效传递电流，减少电极过程对材料的不良影响，从而提高耐电化学腐蚀性能。适当的电极过程的控制也有助于减缓腐蚀的发生。复合材料在电场作用下，其表面可能存在不均匀的电流密度分布，这会导致局部区域的电化学腐蚀更为严重。通过优化界面结构、调整导电性等手段，可以实现电流密度均匀分布，减缓局部腐蚀的发生。电极势的控制是影响界面电化学腐蚀性能的重要因素。通过合理控制电极势，可以调控电化学腐蚀的发生。一些界面设计可能包含电极势调控的元件，以提高复合材料的耐电化学腐蚀性。耐电化学腐蚀性能的提高需要选择具有较高电化学稳定性的材料。这些材料通常表现出较低的电化学活性，对电化学环境中的腐蚀反应不敏感。耐电化学腐蚀性能与界面性能紧密相连，通过合理的界面设计和材料选择，可以有效提升复合材料在电化学环境中的稳定性和可靠性，推动其在更广泛领域的应用。

## 三、耐海水腐蚀性能

耐海水腐蚀性能对于材料的选择和设计至关重要，特别是在海洋工程、海洋交通及海洋资源开发等领域。海水中含有丰富的盐分和溶解氧，这使得海水具有较高的电导率和导电性。海水中的氧气和氯离子等成分对金属和许多其他材料都具有强烈的腐蚀作用。在海洋环境中，材料暴露于这些腐蚀性因素中，容易导致腐蚀、生物污染和海洋化学物质的侵蚀。耐海水腐蚀性能是海洋工程和航海领域材料选择的重要指标之一。由于海水中的腐蚀性环境极具挑战性，对于使用在海洋环境中的结构和设备，如船舶、桥梁、海上平台等，耐海水腐蚀性能至关重要。耐海水腐蚀性能好的材料能够延长设备和结构的使用寿命，减少维护成本，并提高安全性和可靠性。不锈钢由于其抗氧化、抗腐蚀的特性，被广泛应用于海洋工程领域。其中，316 L 不锈钢在含氯海水中表现出色，具有较好的耐腐蚀性能。铝合金在海洋环境中也表现出良好的耐腐蚀性，尤其是对于轻质结构的需求，铝合金是一种常用的选择。镀锌钢通过在表面形成锌层来提供抗腐蚀保护，适用于某些轻度腐蚀环境，但在严重的海水腐蚀条件下可能不够耐久。海水中的生物因素也是影响耐海水腐蚀性能的重要因素。例如，海洋中的藻类、贝类等生物会附着在结构表面，形成生物膜，对材料表面造成额外的腐蚀和生物污染。为了及时发现耐海水腐蚀性能的问题，需要采用各种检测和监测手段，包括腐蚀监测传感器、超声波检测等技术，以确保设备和结构的安全运行。耐海水腐蚀性能对于海洋工程和海洋交通等领域至关重要。合理选择材料、采用防护措施和及时监测都是确保设备和结构在海洋环境中长期稳定运行的关键因素。

耐海水腐蚀性能与界面性能之间存在密切的关联，这涉及材料在海洋环境中的长期性能稳定性和相互作用。材料的界面黏附力直接影响其在海洋环境中的腐蚀耐久性。良好的界面黏附力可以防止海水中的腐蚀物质侵蚀材料表面，减缓腐蚀的发展。强大的界面黏附力有助于保持防护涂层或其他保护性层的完整性，提高耐海水腐蚀性能。界面微观结构的优化能够改善材料的整体性能，包括对抗海水腐蚀的能力。微观结构的调整可以影响界面的导电性、电子迁移率等特性，从而影响海水中的腐蚀过程。采用适当的界面处理方法，如等离子体处理、化学改性等，有助于增强材料表面的耐海水腐蚀性。界面处理可以引入更多的亲水性或亲油性官能团，调整表面能，提高界面与海水的相互作用。在海水环境中，界面往往面临着复杂的化学反应和生物作用，这可能导致界面材料的退化和疲劳。因此，耐腐蚀性能的提升需要综合考虑界面材料的化学惰性、机械强度及生物抗污染等方面的因素。在实际应用中，需要综合考虑界面材料的力学性能、电学性能、化学稳定性等多个因素，以实现对耐海水腐蚀性能的全面优化。材料的选择需要在不同性能指标之间找到平衡，以满足具体应用需求。为了确保界面在海水环境中的长期性能，需要建立定期的监测和维护体系。这包括使用腐蚀监测传感器、定期检查界面状态等手段，及时发现并处理潜在的腐蚀问题。

## 四、耐微生物腐蚀性能

耐微生物腐蚀性能是复合材料在微生物环境中抵抗生物腐蚀的能力。微生物腐蚀通常由细菌、真菌、藻类等微生物引起，它们附着在材料表面形成生物膜，通过代谢产物、酸性物质和其他生物活性物质导致材料的腐蚀和降解。微生物通过在材料表面形成生物膜来引发腐蚀。生物膜不仅会包含微生物本身，还可能包含产生的黏液、胞外聚合物等成分，形成对材料表面的附着。因此，材料的耐微生物腐蚀性能直接与其对生物膜形成的抗性相关。微生物在代谢过程中产生的物质，如酸性物质、硫化物、氧化物等，对材料的腐蚀具有显著影响。耐微生物腐蚀性能的提高需要考虑材料对这些代谢产物的抵抗能力，以降低材料的腐蚀速率采用适当的表面处理方法，如抗菌涂层、抗微生物表面修饰等，有助于提高材料的抗微生物腐蚀性能。通过引入抗生物附着的功能性基团或抗微生物剂，可以减缓生物膜的形成，降低微生物腐蚀的程度。不同类型的微生物对材料的腐蚀程度可能有所不同。一些微生物具有特定的代谢途径，可能导致特定腐蚀产物的生成。因此，材料的设计需要考虑预计工作环境中可能存在的微生物种类，以更精准地优化耐微生物腐蚀性能。了解微生物腐蚀的具体机理对于设计抗微生物腐蚀性能的复合材料至关重要。通过深入研究微生物在材料表面的附着、生物膜形成、代谢产物的影响等方面的机理，可以有针对性地改进材料的设计。在设计耐微生物腐蚀性能时，需要在保持良好力学性能的前提下选择适当的界面材料。界面材料的选择需要综合考虑其抗微生物腐蚀性能、力学性能、电学性能等多个方面的要求，以实现性能的平衡提升。耐微生物腐蚀性能的提升是复合材料在特定环境中稳定运行的关键因素之一。通过综合考虑材料的表面处理、微观结构设计、生物膜抵抗能力等多个方面，可以有效提高复合材料的抗微生物腐蚀性能，确保其在微生物环境中的可靠性和持久性。

耐微生物腐蚀性能与界面性能的关系是复合材料在微生物环境中稳定性和持久性的重要考量。微生物的附着是微生物腐蚀的起始步骤之一。生物膜的形成会涉及微生物在材料表面的附着和增生，这对复合材料的界面性能提出了挑战。界面的表面特性、粗糙度、化学成分等因素都直接影响着微生物的附着情况。为了提高界面的抗生物附着性能，采用一系列表面处理方法变得至关重要。例如，抗菌涂层、抗生物表面修饰等技术可以在界面上引入抗生物附着的功能性基团，减缓或阻止微生物附着，从而改善耐微生物腐蚀性能。微生物的代谢产物可能包括酸性物质、硫化物等，这些物质可能与材料的化学成分发生相互作用，导致腐蚀。因此，界面材料的化学稳定性直接关系到其在微生物腐蚀环境中的表现。通过选择具有较高化学稳定性的材料或引入抗腐蚀的表面涂层，可以提高材料的耐微生物腐蚀性能。微生物腐蚀会导致材料的力学性能下降，而界面的力学性能直接影响到材料的整体性能。界面的强度和韧性等力学性能对抵抗微生物腐蚀引起的结构破坏至关重要。合理设计和优化界面的力学性能可以提高耐微生物腐蚀性能。微生物生长形成的生物膜会降低材料表面的黏附力。界面的黏附力与其与纤维和基体的结合程度直接相关。通过采用优化黏附力的界面设计，可以增强与纤维和基体的结合，从而改善复合材料的整体性能。界面改性是提高耐微生物腐蚀性能的一种重要手段。通过引入抗生物附着的官能团、调整表面能等方法，可以实现对界面性能的改善。然而，在追求耐微生物腐蚀性能的同时，需要平衡其他性能，确保整体性能的综合提升。复合材料在实际工作环境中可能受到不同类型的微生物腐蚀，因此界面的设计和优化需要考虑实际工作环境中微生物种类、浓度、温度等因素的影响，以更好地适应不同的应用场景。在综合考虑以上因素的基础上，有效地提高界面性能，从而增强复合材料对微生物腐蚀的抵抗能力，确保其在各种环境中稳定可靠地运行。

## 五、耐高温腐蚀性能

耐高温腐蚀性能是复合材料在高温环境下稳定性和耐久性的重要考量。复合材料在高温环境中可能受到气氛中腐蚀性气体、高温气流、氧化性气氛等的影响。这些因素可能导致材料表面的氧化、腐蚀，从而影响其力学性能和结构稳定性。高温下，材料的化学稳定性显得尤为重要。界面的化学成分、表面处理和材料选用都会影响材料在高温环境中的耐腐蚀性能。具有高化学稳定性的界面有助于减缓或防止材料在高温下的腐蚀，提高其使用寿命。在高温环境中，氧化是一种常见的腐蚀形式。复合材料界面的抗氧化性能对于在氧化性气氛中长时间稳定运行至关重要。通过采用抗氧化表面涂层、抗氧化官能团等手段，可以增强复合材料在高温环境下的抗氧化性能。高温下材料的热膨胀系数可能与界面的热膨胀系数不匹配，导致界面处产生应力。这种应力可能导致裂纹和结构破坏。优化界面的热膨胀匹配性，减缓因热膨胀不匹配引起的界面破坏，有助于提高耐高温腐蚀性能。在一些高温应用场景中，存在气流对材料的冷却作用。然而，高温气流中可能携带腐蚀性物质，对材料表面产生冲蚀和腐蚀。设计能够抵抗高温气流腐蚀的界面结构，对提高复合材料的稳定性至关重要。在高温环境中，界面的力学性能也会受到挑战。高温下，材料的强度和韧性可能降低，而优化的界面设计和界面改性有助于维持其在高温条件下的力学性能。提高界面的热稳定性是耐高温腐蚀性能的关键。通过选择具有高热稳定性的材料、界面改性及采用热稳定性良好的表面涂层等手段，可以有效提升复合材料在高温环境中的稳定性。在高温环境中，复合材料界面需要具备一定的适应性，能够应对温度的变化、热循环等因素。考虑到高温环境的复杂性，界面的设计需要综合考虑多种因素，确保其在实际工作条件下能够稳定可靠地运行。在综合考虑这些因素的基础上，有效提升复合材料在高温环境中的耐腐蚀性能，对于拓展其应用领域、提高使用寿命具有重要意义。

耐高温腐蚀性能与界面性能密切相关，对于确保复合材料在极端高温环境中的可靠性和稳定性具有重要意义。耐高温腐蚀性能首先取决于复合材料界面的化学稳定性。在高温环境中，化学反应更为活跃，材料界面容易与腐蚀性气体、氧化性物质等发生反应。因此，界面的化学成分、官能团的选择及表面处理的方式都对耐高温腐蚀性能产生直接影响。耐高温腐蚀性能的关键之一是界面的抗氧化性能。在高温环境中，氧化作用加剧，容易导致材料表面的氧化腐蚀。通过采用抗氧化表面涂层、抗氧化官能团等手段，可以增强界面在高温下的抗氧化性能，从而提高其耐高温腐蚀性。界面的热稳定性是影响耐高温腐蚀性能的重要因素。选择具有高热稳定性的材料、界面改性及采用热稳定性良好的表面涂层等手段，有助于提升界面在高温环境中的稳定性，减缓或避免腐蚀的发生。材料的界面适应性，在高温环境中，材料会受到温度的变化、热循环等因素的影响。界面需要具备一定的适应性，能够在高温条件下维持其结构和性能的稳定性。考虑到高温环境的复杂性，界面的设计需要兼顾多种因素，确保其在实际工作条件下能够稳定可靠地运行。界面对高温气流的适应性，在一些高温环境中，存在高温气流对材料的冷却作用。然而，高温气流中可能携带腐蚀性物质，对材料表面产生冲蚀和腐蚀。设计能够抵抗高温气流腐蚀的界面结构，对提高复合材料的稳定性至关重要。动态温度变化下的界面性能，在实际应用中，高温环境下的温度通常会发生动态变化。考虑到动态温度变化对材料的影响，需要确保界面在这种情况下仍能保持其性能和稳定性。

## 六、腐蚀产物的影响

### （一）降低材料强度

腐蚀产物对材料强度的影响是复杂而深刻的，其作用主要体现在表面的不均匀性和粗糙度的变化上。在腐蚀环境中，材料表面可能发生化学反应，形成腐蚀产物，这些产物对材料的结构和性能产生直接的影响。腐蚀产物的形成通常会导致表面的不均匀性增加。腐蚀过程中，材料的某些区域可能受到更强烈的腐蚀作用，形成凹凸不平的表面。这种不均匀性会导致材料受力时发生局部应力集中，容易引发裂纹的起始。由于不同区域的腐蚀速率可能不同，材料表面的不均匀性会导致整体强度的降低。腐蚀产物的形成使得材料表面变得粗糙。粗糙的表面会增加材料的表面积，使得应力集中更为明显。当外部加载作用于材料时，这些粗糙的表面会成为裂纹的发展路径，导致裂纹更容易扩展，从而降低了材料的整体机械性能。腐蚀产物的存在可能改变材料的晶体结构或晶界结构，进一步影响材料的强度。在腐蚀过程中，可能发生金属晶体的溶解和再结晶，导致晶体内部的缺陷增多，从而影响材料的力学性能。为了应对腐蚀对材料强度的影响，可以采取一系列防腐措施。例如，选择耐腐蚀性能较好的材料，进行表面涂层保护，实施阴极保护等。这些措施旨在降低腐蚀的发生率，减缓腐蚀速度，从而保护材料的整体强度。在特定应用领域，对材料的腐蚀行为进行深入研究，并制定相应的防护策略，对于确保材料的长期可靠性至关重要。

### （二）改变表面形貌

腐蚀产物的形成会显著改变材料的表面形貌，使其变得更加不规则。这种不规则性在流体动力学中发挥着关键作用，对材料在流体中的性能产生重要影响。腐蚀产物导致表面的不规则性，可能会增加材料与流体之间的摩擦阻力。不规则的表面结构会导致流体在表面上形成湍流或涡流，从而增加摩擦的能量损失。这在液体流体中尤为显著，特别是在高速流动或高压条件下，可能导致更大的摩擦力，降低材料的流体动力学性能。不规则的表面形貌可能改变材料与流体之间的界面相互作用。腐蚀所形成的微观凹坑、凸起等不均匀性可能会影响流体在材料表面的分布和流动。这种变化可能导致局部流动的不稳定性，增加了材料与流体之间的相互作用，从而影响整体的流体动力学性能。腐蚀产物的不规则性可能使材料表面更容易吸附污物、微生物等，进一步改变了流体与表面之间的相互作用。这可能导致生物附着、藻类滋生等问题，对材料的流体动力学性能产生负面影响。为了应对这些问题，可以采取一系列措施来改善材料的表面形貌。例如，定期清洗和维护、采用防腐蚀涂层、选择抗腐蚀性能较好的材料等，都是有效的手段。此外，在特定应用场景下，通过优化材料的表面处理方法，如表面精密加工、抛光等，也有助于减小表面不规则性，提高材料的流体动力学性能。在流体动力学方面，腐蚀产物的形成对于材料的性能有着深远的影响，因此在材料设计和应用中，需要充分考虑腐蚀产物对表面形貌的影响，以确保材料在流体环境中表现出良好的性能。

### （三）降低耐磨性

腐蚀产物的形成对材料表面的软化和磨损增加可能对材料的耐磨性产生显著的影响。腐蚀产物的形成通常涉及表面金属的溶解和离子迁移过程。这些过程可能导致材料表面的局部软化，使其在摩擦条件下更容易受到磨损。软化的表面可能失去原有的硬度和耐磨性，从而增加了在摩擦或磨损条件下发生磨损的风险。腐蚀产物的形成可能改变材料表面的摩擦系数。一些腐蚀产物可能具有较高的摩擦系数，使得材料在摩擦接触中更容易受到摩擦力的作用，从而增加了磨损的可能性。这尤其在高温或高湿环境中更为显著，因为这些条件下腐蚀产物的生成通常更为活跃。腐蚀产物的形成可能导致表面不均匀性，形成微观凹坑、裂缝等缺陷，这些缺陷可能成为磨损的起始点。在摩擦条件下，磨损过程可能从这些缺陷处开始，逐渐扩展形成更大的磨损区域，降低了材料的整体耐磨性。可以采取一系列措施来提高材料的耐磨性。例如，选择具有较高硬度的材料、采用表面强化技术、使用耐磨涂层等方法，都可以有效地提升材料的耐磨性。此外，通过防腐蚀措施，如定期清洗、表面涂层等，也有助于减少腐蚀产物的形成，从而降低磨损风险。腐蚀产物的形成对于材料的耐磨性可能产生复杂而深远的影响。在实际应用中，需要在腐蚀和耐磨性之间进行权衡，综合考虑材料的使用环境和性能需求，以选择最合适的材料和保护措施。

## （四）影响导电性能

腐蚀产物的形成对导电材料的导电性能可能产生显著的负面影响。腐蚀产物可能在导电材料表面形成绝缘层。这绝缘层可能由氧化物、硫化物等化合物组成，其绝缘性质会阻碍电子的自由移动，限制电流的传导。这对于电子器件或导电部件来说，特别是那些对导电性能要求较高的应用，可能导致电流的阻断、降低导电性能，甚至完全失去导电功能。腐蚀产物的形成可能引起导电材料的电阻值增加。绝缘层的存在会导致电子在导电材料中的传导受到阻碍，使得电阻值显著上升。这在电路中可能引起信号衰减、电能损失等问题，影响设备的正常工作。腐蚀产物的形成还可能导致电流密度不均匀分布。绝缘层的存在使得电流更容易在一些局部区域集中，而其他区域电流密度较小，形成局部热点。这可能引发局部加热、烧损等问题，对设备的稳定性和安全性构成威胁。为了减缓腐蚀对导电性能的影响，可以采取一系列防腐措施。例如，选择具有良好抗腐蚀性能的导电材料，通过表面涂层、防护膜等方式提高材料的抗腐蚀性能。此外，定期维护和检查，及时清除可能形成的腐蚀产物，有助于保持导电材料的导电性能。导电材料受到腐蚀产物影响的导电性能下降是一个需要引起关注的问题。在设计和应用中，需要综合考虑导电材料的抗腐蚀性能，以确保其在不同环境条件下能够保持稳定的导电性能。

## （五）改变化学成分

腐蚀产物对材料的化学成分产生变化，尤其是在金属材料中，可能引发一系列问题。腐蚀产物的形成可能导致材料表面化学成分的改变。例如，在金属腐蚀的过程中，氧化物、氢氧化物、硫化物等化合物可能在材料表面形成。这些产物的形成可能引入新的元素或改变原有的元素配比，导致材料的化学成分发生变化。腐蚀产物的形成可能引起材料表面的缺陷和不均匀性。氧化物、腐蚀产物的形成通常伴随着体积膨胀，这可能导致表面产生微观裂纹、孔洞等不均匀性。这些缺陷会影响材料的强度、韧性，甚至可能成为裂纹扩展的起始点。腐蚀产物的形成还可能导致材料内部的应力集中。由于腐蚀产物与原材料的结合状态、热膨胀系数等性质差异，可能引起内部应力的集中。这些应力集中可能导致材料的疲劳、断裂等失效，降低整体性能。对于金属材料而言，抗腐蚀性能的降低可能导致腐蚀过程的加速。原本具有优异抗腐蚀性的金属，在腐蚀产物的影响下可能失去原有的保护层，加速腐蚀的发生。这对于在恶劣环境中使用的金属结构、设备等具有潜在的危害。为了减缓腐蚀对材料化学成分的影响，可以采取一系列的防腐措施。例如，选择具有良好抗腐蚀性的金属，进行表面涂层或防护膜的处理，以增加材料的抗腐蚀性。此外，定期维护和检查，及时清除可能形成的腐蚀产物，有助于保持材料的化学稳定性。腐蚀产物对材料化学成分的影响是一个需要引起关注的问题。在设计和应用中，需要充分考虑材料的抗腐蚀性能，以确保其在不同化学环境中能够保持稳定的化学成分。

### （六）增加材料的质量

腐蚀产物的形成对于材料的质量可能带来一系列影响，尤其是在对质量要求极高的领域，如航空航天和汽车工业。腐蚀产物的形成可能导致材料的质量增加。在腐蚀过程中，金属表面通常会形成氧化物、氢氧化物等附着在表面的腐蚀产物。这些产物的形成通常伴随着物质的增加，因为氧化物和氢氧化物的分子量相较于金属原子而言较大。因此，在腐蚀过程中，金属材料表面可能积累一定量的腐蚀产物，增加了材料的总质量。腐蚀产物的增加可能导致材料的不均匀性。腐蚀产物通常以不规则的形式附着在金属表面，形成氧化皮、腐蚀坑等。这些不均匀性可能导致材料表面的粗糙度增加，从而影响材料的质量均匀性。在一些对表面质量要求极高的应用中，这种不均匀性可能被视为不利因素。质量的增加可能影响材料的力学性能。增加的质量可能导致材料的密度变化，进而影响材料的强度、刚度等力学性能。特别是在航空航天领域，对于材料的质量和强度要求都非常严格，任何质量的增加都可能引起担忧。在实际应用中，为了降低腐蚀产物对材料质量的影响，可以采取一些预防措施和维护措施。例如，定期的防腐保养，及时清除腐蚀产物，选择具有良好抗腐蚀性能的材料等都是有效的手段。此外，科学的设计和合理的工艺选择也可以最小化腐蚀对材料质量的负面影响。

### （七）对环境产生污染

腐蚀产物具有毒性可能对环境产生污染，这一问题在使用腐蚀材料的环境友好性方面引起了广泛关注。腐蚀产物中可能包含有害的化学物质，例如金属离子、氧化物等。这些有害物质可能渗透到土壤、水体或大气中，对生态系统产生不良影响。例如，重金属离子是常见的有毒物质，对土壤和水体中的植物和生物产生负面影响。因此，腐蚀产物的释放可能导致环境中有毒物质的积累，形成潜在的污染源。腐蚀产物可能影响周围环境的酸碱性。一些金属的腐蚀产物可能呈酸性，而酸性环境对于土壤和水体的生态平衡具有破坏性。酸性环境可能导致土壤酸化、水体酸雨等问题，影响植物生长和水生生物的健康。有些腐蚀产物可能对空气质量产生负面影响。例如，金属氧化物可能在大气中形成颗粒物，影响空气质量。这些颗粒物可能对人体健康产生危害，尤其是细小颗粒物可能引起呼吸系统疾病。在实际应用中，为了减少腐蚀产物对环境的污染，首先是选择抗腐蚀性能较好的材料，以减少腐蚀产物的生成。其次是对腐蚀材料实施定期检测和维护，及时处理可能产生腐蚀产物的部位。此外，科学的废弃处理和环境监测也是降低腐蚀产物对环境污染的重要手段。腐蚀产物对环境产生污染的问题需要引起足够的关注，通过科学的材料选择和管理措施，可以最大限度地减少对环境的负面影响，提高腐蚀材料的环境友好性。

## 第五节　其他性能

### 一、导电性

复合材料的导电性是指材料对电流的导电能力，这一性能在许多应用中都至关重要。导电性取决于复合材料的组成和结构。复合材料的导电性常常依赖于其中包含的导电纤维的选择。常见的导电纤维包括碳纤维和金属纤维。碳纤维由于其轻量、高强度和导电性能优越，广泛用于提高复合材料的导电性。除了导电纤维，导电性能还可以通过添加导电填料来实现。例如，将导电颗粒（如碳黑、金属颗粒等）加入到聚合物基体中，可以有效提高复合材料的导电性。复合材料的导电性能可以通过调控导电成分的含量来实现。增加导电成分的含量通常会提高导电性，但过高的含量可能对材料的其他性能产生负面影响，需要在导电性和其他性能之间进行平衡。在一些复合材料中，导电纤维或填料的分布形成了导电网络。这种网络结构有助于电流在材料中的传导，提高了导电性能。热处理过程可能会对导电性能产生影响。通过合适的热处理，可以调整导电成分的结晶结构，优化导电性能。导电性使得复合材料在许多应用领域中得到广泛应用，如电子设备、电磁屏蔽、导电材料等。例如，碳纤维增强复合材料常用于制造轻量化、具有导电性的结构件。测试复合材料的导电性能通常使用电阻率或电导率等指标。这些测试方法能够准确评估材料对电流的导电能力。综合考虑以上因素，工程师可以通过选择合适的导电成分、优化复合材料的制备工艺及调控材料的组成，实现对复合材料导电性能的精确调控，以满足不同应用领域的需求。

复合材料的导电性能与界面性能之间存在着密切的关系，导电性在许多应用中是一个至关重要的性能指标。导电性的来源主要与复合材料中的导电材料、界面特性及处理方法等因素密切相关。复合材料中通常含有导电材料，如碳纤维、碳纳米管、金属颗粒等。导电材料的选择对于整体导电性能至关重要。界面的黏附力影响导电材料的分散均匀性和与基体的结合情况，直接影响导电性。导电材料在复合材料中的分散性直接受到界面黏附力的影响。良好的界面黏附力有助于确保导电材料分散均匀，避免聚集和团聚，从而提高整体导电性能。界面处理方法，如等离子体处理、化学改性等，可以改变复合材料中导电材料的表面性质。通过引入官能团、增加表面能等方式，可以提高导电材料与基体的相容性，改善界面黏附力，进而提升导电性。界面黏附力直接影响界面电阻，即导电材料与基体之间的电阻。界面黏附力越强，界面电阻越低，导电性能越好。因此，通过优化界面黏附力可以调控复合材料的导电性。界面的形貌对导电性能也有显著影响。例如，在界面处形成导电通道，通过优化界面形貌可以提高导电性。这可能涉及微观或纳米级的界面结构调控。导电性能的提升通常需要在维持复合材料力学性能的前提下实现。因此，界面黏附力的调控需要在综合考虑导电性和力学性能的平衡点上进行。通过热处理可以调控界面区域的结构，影响导电材料的晶格结构，从而改变导电性能。界面黏附力的强弱可能影响热处理的效果，需要综合考虑。通过界面工程的手段，例如设计特定官能团的界面剂，可以调控复合材料中导电材料与基体的相互作用，进而优化导电性能。在复合材料的设计和制备中，工程师需要全面考虑导电性与界面性能之间的相互关系，通过优化界面黏附力、选择合适的导电材料和处理方法，实现复合材料在导电性方面的卓越性能。

## 二、绝缘性

复合材料的绝缘性是指材料对电流的抵抗能力，通常表现为电阻较大。绝缘性能在许多应用中是至关重要的，特别是在电子器件、电气绝缘和高电压环境中。复合材料的绝缘性能很大程度上取决于基体材料的绝缘性质。通常，聚合物基体（如玻璃纤维增强的塑料等）具有较好的绝缘性，因为聚合物本身通常是绝缘体。在一些复合材料中，填料的选择对绝缘性能也有影响。例如，玻璃纤维是一种常见的绝缘填料，它可以在增强复合材料的同时提供良好的绝缘性。复合材料的制备工艺，制备过程中的温度、压力和湿度等条件可能影响复合材料的绝缘性能。精确控制这些参数可以确保材料的绝缘性能符合要求。复合材料的表面处理也可以影响其绝缘性能。例如，表面涂层或化学处理可以改善材料的表面绝缘性，防止潮湿或其他外部因素对绝缘性能的影响。电气绝缘强度是评估绝缘性能的一项关键测试。通过在材料上施加电场，测试其在电压作用下的电绝缘性能，可以得到电气绝缘强度。耐电弧性是复合材料在电弧放电条件下维持绝缘性能的能力。这一性能对于一些高电压、高电流环境下的应用至关重要。湿电阻是指材料在潮湿条件下的电阻。湿电阻测试可以评估材料在潮湿环境中的绝缘性能，对于户外或潮湿环境下使用的复合材料尤为重要。复合材料的绝缘性能可能会受到环境因素的影响，如温度变化、湿度、化学介质等。考虑到实际使用条件，对复合材料进行综合的环境适应性测试是必要的。通过仔细选择材料组分、优化制备工艺和进行全面的性能测试，工程师可以确保复合材料具有良好的绝缘性能，以满足各种应用领域的需求。

复合材料的绝缘性能与界面性能之间的关系至关重要，尤其在一些电气、电子领域的应用中。绝缘性能直接受到复合材料中绝缘材料、界面特性及处理方法等因素的影响。复合材料中通常包含绝缘材料，如聚合物基体。绝缘材料的选择对整体绝缘性能至关重要。界面的黏附力直接影响绝缘材料在复合材料中的分布和稳定性，从而影响绝缘性。绝缘材料在复合材料中的分散性直接受到界面黏附力的影响。良好的界面黏附力有助于确保绝缘材料分散均匀，避免团聚和集聚，提高整体绝缘性能。界面处理方法，如等离子体处理、化学改性等，可以改变复合材料中绝缘材料的表面性质。通过引入官能团、增加表面能等方式，可以提高绝缘材料与基体的相容性，改善界面黏附力，进而提升绝缘性。界面黏附力直接影响界面电阻，即绝缘材料与基体之间的电阻。界面黏附力越强，界面电阻越低，绝缘性能越好。因此，通过优化界面黏附力可以调控复合材料的绝缘性。界面的形貌对绝缘性能也有显著影响。例如，在界面处形成绝缘层，通过优化界面形貌可以提高绝缘性。这可能涉及微观或纳米级的界面结构调控。绝缘性能的提升通常需要在维持复合材料力学性能的前提下实现。因此，界面黏附力的调控需要在综合考虑绝缘性和力学性能的平衡点上进行。热处理可以调控界面区域的结构，影响绝缘材料的晶格结构，从而改变绝缘性能。界面黏附力的强弱可能影响热处理的效果，需要综合考虑。在复合材料的设计和制备中，工程师需要全面考虑绝缘性与界面性能之间的相互关系，通过优化界面黏附力、选择合适的绝缘材料和处理方法，实现复合材料在绝缘性方面的卓越性能。

## 本章小结

本章深入探讨了界面性能对复合材料综合性能的影响，通过对破坏机制、力学性能、耐热性能、耐腐蚀性能及其他相关性能的研究，揭示了界面在复合材料性能中的重要作用。第一节详细研究了界面的破坏机制。深入分析了界面破坏对裂纹起始和扩展的影响，探讨了失效模式的转变及界面疲劳行为对复合材料寿命和耐久性的重要性。界面的破坏不仅是复合材料失效的起点，还直接关系到整体强度的削弱和复杂失效模式的形成。第二节聚焦于力学性能，解析了界面优化对复合材料力学性能的关键影响。详细阐述了界面黏附力如何改善载荷传递、提高复合材料整体强度、防止裂纹扩展等方面的作用。通过增强剂作用，界面黏附力的优化对于提升复合材料在不同加载条件下的力学性能起到至关重要的作用。第三节探讨了耐热性能。深入讨论了热处理对界面区域结构的调控，以及界面对复合材料的热稳定性和热膨胀系数的影响。通过热处理优化和界面工程，可以有效提高复合材料在高温环境下的性能，满足不同应用领域的需求。第四节关注耐腐蚀性能，详细论述了腐蚀产物的形成对复合材料性能的多方面影响。强调了腐蚀产物可能降低材料强度、改变表面形貌、降低耐磨性、影响导电性能等负面效应。此外，对环境的污染问题也需要在复合材料设计中引起足够的重视。本章的其他性能部分介绍了复合材料在导电性、绝缘性等方面的表现，并深入阐述了这些性能与界面黏附力之间的关系。通过全面的性能研究，我们得以更好地理解界面性能与复合材料性能的复杂交互关系，为未来的复合材料设计和应用提供了深刻的指导。深入研究界面性能与复合材料性能的关系，为优化复合材料的整体性能提供了理论基础和实际指导。这一系列研究不仅对于材料科学领域的发展具有重要意义，也为应对各种工程挑战提供了有力支持。

# 第六章　应用领域探讨

## 引　　言

碳纤维及其聚合物基复合材料作为一种轻质、高强度、高刚度的先进材料体系，近年来在各个领域取得了显著的应用突破。其中，界面性能的优化对于整体性能的提升起着关键作用。本章将探讨碳纤维及其聚合物基复合材料在不同领域中的界面应用，从而深入了解这一材料体系在航空航天、汽车工业、能源领域等方面的潜在价值。碳纤维是一种由碳元素组成的纤维，具有极高的比强度和比刚度，同时重量轻、耐腐蚀，是理想的增强材料。与聚合物基复合材料结合，形成了一种卓越的综合性能材料，广泛应用于多个领域。对碳纤维及其聚合物基复合材料在航空航天、轨道交通、汽车工业和体育休闲等领域中的界面应用进行深入研究，能更好地理解这一材料体系在不同应用领域中的潜在机遇和挑战。随着界面性能优化的不断推进，碳纤维及其聚合物基复合材料必将在未来更广泛地推动先进材料科技的发展，为各个行业带来更加创新的解决方案。

## 第一节　航空航天

### 一、碳纤维及其聚合物基复合材料在航空航天领域的适用性

#### （一）轻量化设计

轻量化设计在航空航天领域是一项至关重要的策略，旨在通过采用轻量高强度的

材料，降低飞行器的整体重量，从而提高燃油效率、减少碳排放，并增加载荷能力。在这一战略中，碳纤维复合材料由于其独特的强度、刚度和轻质性质，成为广泛应用的材料之一。界面设计在碳纤维复合材料轻量化应用中扮演着关键的角色。通过优化界面的黏附性能，可以实现以下效果。提高整体强度，碳纤维与聚合物基体之间的黏附性能直接关系到复合材料的整体强度。通过界面设计，可以增强这种黏附性能，确保在外部振动、冲击等力作用下，复合材料能够更好地保持协同工作，防止材料的疲劳和损伤。优化材料性能平衡，轻量化设计需要在提高强度的同时保持材料的轻质性质。通过界面设计，可以优化碳纤维复合材料的性能平衡，使其既具有出色的强度，又能够保持轻量级，满足航空航天领域对材料性能的高要求。增加抗冲击性，飞行器在飞行过程中可能面临各种冲击和振动，这对材料的抗冲击性提出了挑战。通过界面设计，可以调控碳纤维复合材料的界面特性，使其更具有抗冲击性，确保在复材结构中能够有效吸收和分散外部冲击力。降低燃油消耗，轻量化设计直接影响飞行器的整体重量，从而降低了燃油的消耗。优化碳纤维复合材料的界面性能，减轻材料自身的重量，有助于实现燃油效率的提高，减少对地球环境的影响。精心设计碳纤维与聚合物基体之间的界面，轻量化设计不仅可以满足航空航天领域对强度和刚度的高要求，还能够提升材料的整体性能，为航空航天工程的发展提供了可靠的支持。

### （二）抗疲劳性能

抗疲劳性能在航空航天领域中至关重要，因为航天器和飞行器往往会经历复杂多变的飞行和运行条件，包括高频振动、重复载荷及变化的温度和湿度等。碳纤维及其聚合物基复合材料作为轻量高强的材料，在抗疲劳性能方面发挥着关键作用。微观层次的设计对于提高碳纤维复合材料的抗疲劳性能至关重要。通过优化界面设计，可以调控复合材料中纤维和基体的相互作用，减缓或抑制疲劳裂纹的起始和扩展。例如，在界面层引入合适的增强剂或添加剂，有助于阻碍裂纹的扩展，从而延长材料的疲劳寿命。碳纤维复合材料的界面强度直接影响其在循环载荷下的性能。强大的界面强度有助于有效传递载荷，减少裂纹的产生和扩展。通过调整界面的化学成分和微观结构，可以实现界面的强度优化，提高材料的循环载荷性能。在设计中，合理的纤维取向可以降低复合材料在特定方向上的疲劳敏感性。通过调整纤维的方向和分布，可以优化材料在实际工作条件下的应力分布，提高其抗疲劳性能。这涉及在设计中考虑航天器或飞行器受力方向的复杂性，以实现全方位的性能优化。热处理是一种重要的手段，通过控制材料的热历程，可以调整其结晶结构和性能。合适的热处理过程有助于提高碳纤维复合材料的疲劳性能，使其更能够抵御高温和循环载荷引起的疲劳损伤。在实际应用中，通过先进的微观结构监测技术，如扫描电子显微镜、透射电子显微镜等，对界面微观结构进行观察和分析，可以更深入地了解材料在循环载荷下的响应机制，为疲劳性能的评估提供重要信息。借助数值模拟方法，如有限元分析，可以对碳纤维复合材料的受力情况进行模拟，进而预测其在复杂工况下的疲劳寿命。这有助于在设计阶段对界面性能进行更准确的评估，并指导实际应用中的改进和优化。在航空航天领域，抗疲劳性能的提高可以显著延长飞行器和航天器的使用寿命，提高运行可靠性，为航天工程的成功和安全提供了坚实的材料基础。因此，在碳纤维及其聚合物基复合材料的界面设计中，注重抗疲劳性能的优化至关重要。

### （三）高温环境应用

在航空航天领域，高温环境下的应用对材料性能提出了极高的要求，而碳纤维及其聚合物基复合材料在高温环境中展现出一系列独特的优势，使其成为理想的高温应用材料。在高温环境下，材料容易受到老化的影响，导致性能下降。通过界面设计的优化，可以改善碳纤维及其聚合物基复合材料的抗高温老化性能。例如，选择耐高温的界面材料、合适的表面处理方法等，有助于提高复合材料在高温环境中的使用寿命。碳纤维及其聚合物基复合材料通常具有较高的热稳定性，能够在相对较高的温度下保持结构的完整性。通过合理设计界面结构，可以进一步提升材料在高温环境中的稳定性，确保其在长时间高温工作条件下仍能保持优异的性能。在航空航天领域，高温氧化环境是一个常见挑战。碳纤维及其聚合物基复合材料的界面设计可以针对高温氧化环境进行优化，采用抗氧化的表面处理方法，以提高材料对氧化介质的抵抗能力，减缓氧化速度，保护材料的基体结构。

高温环境下，材料的热膨胀系数匹配对于防止因热膨胀不匹配而引起的裂纹和破坏至关重要。通过调整碳纤维及其聚合物基复合材料的界面设计，可以实现更好的热膨胀系数匹配，提高材料在高温条件下的稳定性。碳纤维及其聚合物基复合材料的轻量化优势在高温环境下尤为突出。在高温环境应用中，对于航空航天器等结构件的轻量化设计，有助于降低整体重量，提高运载效率，并保证结构在高温环境中的可靠性。在一些高温工作条件下，导热性能成为一个关键考量因素。碳纤维及其聚合物基复合材料通过界面设计的优化，可以实现在高温环境中的有效导热，以防止材料过热、失效或变形。对于一些高温环境中需要导电性的应用，碳纤维及其聚合物基复合材料的导电性能成为一个关键设计要素。通过界面的调控，可以实现材料在高温条件下的良好导电性能，满足复杂高温环境中的电气要求。碳纤维及其聚合物基复合材料在航空航天领域的高温环境应用具有广泛的潜在应用前景。通过合理的界面设计，可以充分发挥其在高温条件下的优越性能，为航天器件的高效、可靠运行提供关键支持。

## （四）导电性能适用

导电性能是碳纤维及其聚合物基复合材料在航空航天领域中的一个关键性能参数，尤其对于一些需要具备导电功能的应用场景，如飞行器的电子系统、导电结构件等，导电性能的优异与否直接关系到系统的稳定运行和性能表现。导电性能主要体现在材料的电导率上，而碳纤维本身具有良好的导电性。通过界面设计，可以进一步优化碳纤维及其聚合物基复合材料的电导率，确保其在航空航天应用中满足电流传导的要求。在一些需要结构一体化的应用中，通过界面设计可以实现导电性与结构性能的高度一体化。例如，将导电性能强化的碳纤维布与聚合物基体有机融合，使得整体结构同时具备导电功能和强度，满足电磁屏蔽等特殊需求。导电性能的提高使得碳纤维及其聚合物基复合材料在电磁屏蔽方面具备良好的性能。通过调控界面结构，可以优化材料的电磁屏蔽效应，为电子设备和系统提供有效的电磁屏蔽保护。在高频电磁场下，导电性能的优异将带来更加显著的优势。通过精密的界面设计，可以使碳纤维及其聚合物基复合材料在高频电磁环境下保持较低的电阻率，减小电能损耗，提高电信号传输的稳定性。在一些对抗静电性能要求较高的场合，如防爆设备、航空航天器表面等，通过优化界面设计，可以使碳纤维及其聚合物基复合材料具备良好的抗静电性能，防止静电积聚和放电引起的问题。导电性能在不同温度条件下的稳定性是一个重要的考虑因素。通过合理的界面设计，可以提高碳纤维及其聚合物基复合材料在广泛温度范围内的导电性能，并确保其在极端温度环境下的可靠性。界面设计对导电性能有着直接的影响。通过引入导电性能强化的界面材料，如导电聚合物、金属纳米颗粒等，可以有效提高整体材料的导电性能，实现导电性能与结构强度的协同优化。在导电性能的优化过程中，需要平衡导电性与轻量化设计的要求。通过合理的界面设计，可以在提高导电性的同时，最大限度地保持材料的轻质性质，适应航空航天领域对材料轻量化的追求。在一些特殊应用中，碳纤维及其聚合物基复合材料可能需要与金属结构紧密协同工作，此时需要通过界面设计实现碳纤维与金属之间的良好电性协同，确保整体系统的电性能和结构性能协调发展。导电性能在不同环境条件下可能发生变化，如潮湿环境、高温环境等。在界面设计中，需要综合考虑导电性与环境适应性的平衡，确保在各种复杂环境中都能保持稳定的导电性能。

## （五）结构整体强度适用

碳纤维复合材料以其卓越的强度－重量比而闻名，能够提供比传统金属材料更高的抗拉、抗压强度。在航空航天领域，轻量化设计是至关重要的，而碳纤维的轻质性质使其成为实现轻量化目标的理想选择。通过合理的结构设计和界面优化，可以最大限度地发挥碳纤维及其聚合物基复合材料的轻量化潜力，提供强度和刚性，同时减轻整体结构的重量。碳纤维的高强度使得其在航空航天结构中能够有效地承受拉伸载荷。通过在界面设计中优化纤维与基体的相互作用，确保充分传递和分散载荷，可以进一步提升碳纤维复合材料的抗拉强度。这对于飞行器的结构部件，如机翼、机身等，具有重要意义。在航空航天应用中，飞行器的结构需要具备卓越的抗压强度以应对各种挑战，例如气动力学载荷和降落冲击。碳纤维及其聚合物基复合材料以其优越的抗压性能，在这些方面展现出独特的优势。通过合理设计结构布局和优化复合材料的结构性能，可以使得整体结构在面对压缩载荷时表现更为出色。在航空航天器的设计中，抗扭转性能对于保持结构的稳定性和可控性至关重要。通过调控碳纤维与聚合物基体之间的界面，可以有效提高碳纤维复合材料的抗扭转性能，确保在高速飞行和复杂飞行条件下，结构的整体强度能够得到良好的保持。碳纤维复合材料在受到外部冲击、振动和其他环境因素的影响时，具有较好的损伤容忍性。通过合理设计结构和界面，可以提高复合材料的抗冲击性和疲劳寿命，保障整体结构的完整性，减缓可能的疲劳损伤。在实际运行中，航空航天结构会经历多次往复的加载和卸载。碳纤维复合材料通过在界面设计中优化材料的疲劳性能，可以提高其抗疲劳性，延长结构的使用寿命，降低维护成本。碳纤维及其聚合物基复合材料的结构整体强度与稳定性密切相关。通过界面设计的优化，可以调控材料的结构性能，提高结构的整体稳定性，确保在复杂飞行状态下，飞行器结构始终保持良好的稳定性。

## 二、碳纤维及其聚合物基复合材料在航空航天领域的典型应用

### （一）航天器结构件

碳纤维及其聚合物基复合材料在航天器结构件中的应用具有显著的优势，主要体现在以下几个方面。机身结构（见图 6-1 和图 6-2），碳纤维复合材料在航天器机身结构中得到广泛应用。由于碳纤维的高强度和轻质特性，可以实现机身结构的轻量化设计，从而降低整体重量。通过优化界面设计，增强碳纤维与聚合物基体之间的黏附性能，确保机身在极端环境下的稳定性和结构完整性。机翼和尾翼，碳纤维复合材料在航天器的机翼和尾翼中被广泛采用（见图 6-3）。其高刚性和抗弯强度使得机翼和尾翼能够承受飞行中的巨大气动载荷，提高飞行器的机动性和稳定性。通过优化界面设计，可以减轻结构负担，延长结构寿命，确保在长时间飞行中的可靠性。载荷舱壁和支撑结构，在航天器的载荷舱中，碳纤维复合材料可用于制造舱壁和支撑结构。其高强度和抗冲击性使其能够有效地承受外部碰撞或冲击，确保载荷舱内部设备和科学仪

器的安全运行。通过优化界面设计，可以增强载荷舱结构的整体性能，提高防护能力。热控制和绝缘材料，航天器在进入或返回大气层时面临极端高温和高速气流，因此需要具备良好的热控制和绝缘性能。碳纤维复合材料的热稳定性和绝缘性使其成为制造隔热材料的理想选择。通过优化界面设计，可以确保材料在极端热环境下保持结构完整性，保障航天器的安全运行。电子设备支架和导电外壳，航天器内部的电子设备需要受到良好的支撑和保护，而碳纤维复合材料的设计灵活性和导电性使其成为制造电子设备支架和导电外壳的理想选择。通过优化界面设计，可以确保导电性能，维持设备的正常运行。抗振动和抗冲击设计，在航天器的发射和着陆过程中，碳纤维复合材料的抗振动和抗冲击性能变得尤为重要。通过优化界面设计，可以增强碳纤维与聚合物基体的结合力，提高材料的耐久性，确保航天器在运输、发射和着陆过程中受到的振动和冲击不会影响其结构完整性。在碳纤维复合材料的界面设计中加强对黏附性能的优化，航天器的结构件能够更好地应对复杂多变的航天环境，确保航天任务的顺利进行（见图 6-4）。

图 6-1　飞机碳纤维机身（一）

图 6-2　飞机碳纤维机身（二）

图 6-3　碳纤维发动机

图 6-4　碳纤维复合材料

## （二）航天导热材料

航天导热材料器是碳纤维及其聚合物基复合材料在航空航天领域中一项重要而特殊的应用。在航天器中，导热材料器扮演着关键的角色，用于传导和分散热量，保证航天器内部各部件的正常工作，尤其在面对高温、高能量的航天环境中具有不可替代的作用。碳纤维复合材料以其卓越的导热性能和轻质特性而著称。在航天导热材料器中，这一特点使得导热材料器能够迅速而有效地传导和分散由航天器各部分产生的热量，确保航天器内部温度均衡，防止因温度过高而导致的设备故障。在航天导热材料器的设计中，碳纤维与聚合物基体的界面设计显得尤为重要。通过优化界面设计，可以增强碳纤维与聚合物基体之间的黏附力，确保在极端温度条件下依然能够维持材料的整体性能，提高导热效果。航天器在进入大气层或面对高能量的航天环境时，面临极端的高温挑战。碳纤维复合材料以其优异的耐高温性能，能够在这样的环境下保持结构的稳定性，防止导热材料器因温度过高而失效。航天导热材料器还需具备良好的耐腐蚀性和化学稳定性，以抵御可能存在的化学腐蚀和环境侵蚀。碳纤维复合材料的耐腐蚀性和化学稳定性使其成为适用于极端航天环境的理想选择。航天导热材料器的结构整体强度对于长时间的太空任务至关重要。碳纤维复合材料通过优化界面设计，可以确保导热材料器的结构整体强度，保障在航天器的整个任务周期内都能够稳定可靠地运行。航天导热材料器的设计需要考虑具体任务的要求，因此碳纤维复合材料的高度定制化的设计特点非常符合航天器的复杂应用需求。通过优化碳纤维与聚合物基体的比例和结构，可以满足不同任务对导热性能的要求。

### （三）航天外部护盾

碳纤维及其聚合物基复合材料在航空航天领域的外部护盾应用方面具有重要的地位。外部护盾在航天器设计中扮演着保护和维护结构完整性的关键角色，而碳纤维复合材料的优异性能使其成为外部护盾的理想选择。碳纤维复合材料以其卓越的强度和轻质性能而著称，使其成为外部护盾设计中的理想选择。航天器在进入大气层、离开地球轨道或面对外部碰撞等情况下，外部护盾需要具备足够的强度来抵御各种外部冲击和应力，而碳纤维复合材料的高强度可以确保结构的整体耐久性。航天器在发射和运行过程中会受到各种振动和冲击，外部护盾需要具备卓越的抗振动和抗冲击性能。碳纤维复合材料的优异强度和韧性使得外部护盾能够有效吸收和分散外部冲击力，从而保护航天器内部的设备和结构不受损害。航天器在进入大气层或执行各种任务时会面临极端温度条件，外部护盾需要具备优异的温度稳定性。碳纤维复合材料的良好导热性和抗高温性能使其在面对高温或极端温差时能够保持结构的稳定性，确保外部护盾不会因温度变化而失效。外部护盾的外观对于航天器的整体外观和气动性能至关重要。碳纤维复合材料以其灵活性和可塑性，使得外部护盾能够更容易实现流线型设计，并在外观上保持一致性和美观性。外部护盾需要具备良好的耐腐蚀性和化学稳定性。碳纤维复合材料的抗腐蚀性和化学稳定性使其能够在各种复杂环境下维持结构完整性。

### （四）卫星结构

碳纤维及其聚合物基复合材料在卫星结构中的应用具有重要的意义。卫星结构要求具备轻质、高强度、抗振动、导热性好等特性，以满足卫星在太空中长时间、高速运行的要求。卫星的发射成本和运载能力有限，因此对卫星结构进行轻量化设计是一项关键任务。碳纤维复合材料以其轻质高强的特性，成为卫星结构轻量化的理想选择。通过使用碳纤维复合材料，可以显著减轻卫星的整体重量，提高卫星的有效载荷和运载效率。卫星在太空中会受到强烈的太阳辐射和各种极端温度条件的影响，因此结构材料需要具备优异的导热性能，以保持卫星内部设备的正常运行温度。碳纤维复合材料的良好导热性能可以有效地分散和传导热量，确保卫星结构在极端温度环境下的稳定性。卫星在发射、轨道调整和遭遇微流星等情况下可能会受到振动和冲击，因此卫星结构需要具备良好的抗振动和抗冲击性能。碳纤维复合材料由于其高强度和韧性，能够有效吸收和分散外部冲击力，提高卫星结构的稳定性和耐久性。卫星的任务和载荷各异，因此对结构材料的性能和形状提出了高度的定制化要求。碳纤维复合材料具有高度可定制性，可以根据卫星的具体要求进行设计和制造，确保结构的最佳适应性和性能。在卫星结构中，对电磁性能的要求也很高，以确保卫星正常运行。碳纤维复合材料通常具有良好的电绝缘性能，可以降低电磁干扰和防止静电积聚，满足卫星在太空中的电磁环境要求。卫星的寿命较长，需要其结构材料具有出色的长期性能稳定性。碳纤维复合材料具有优异的耐老化性能，能够在长时间的太空环境中保持结构的性能和稳定性。碳纤维及其聚合物基复合材料在卫星结构中的广泛应用，为提高卫星的整体性能、降低发射成本和延长卫星寿命提供了关键支持。在未来的卫星设计中，碳纤维复合材料有望继续发挥其独特的优势，推动卫星技术的不断创新与发展。

### （五）火箭部件

碳纤维及其聚合物基复合材料在航空航天领域的火箭部件应用中发挥着重要的作用，为提高火箭性能、降低整体重量、增加结构强度等方面做出了重要贡献。火箭的质量对其性能和运载能力有着直接的影响。碳纤维复合材料以其卓越的强度重量比，成为实现整体轻量化设计的理想材料。在火箭结构中，采用碳纤维复合材料可以有效减轻结构负担，提高火箭的推重比，从而实现更高效的航天任务。碳纤维复合材料具有出色的强度和刚度，这使其在火箭结构中能够有效抵抗外部环境的挑战，包括飞行中的振动、气动力等。这不仅提高了火箭整体结构的稳定性，还有助于防止结构疲劳和振动损伤。火箭发射过程中，部件会面临极端的气象条件和高温环境。碳纤维复合材料具有优异的抗腐蚀性能和耐高温性能，可以有效应对这些极端环境，确保火箭在发射过程中的稳定性和可靠性。在火箭部件中，一些关键部位需要具备良好的导热性能，以保持设备的正常运行温度。碳纤维复合材料的导热性能优越，有助于有效分散和传导产生的热量，确保关键部件在高温环境下不受过热影响。碳纤维复合材料具有卓越的疲劳寿命和耐久性，这对于长时间在太空中运行的火箭而言至关重要。其优异的耐用性有助于降低维护成本，延长火箭的寿命，提高整体经济效益。碳纤维复合材料通常表现出良好的电绝缘性能，这对于避免电磁干扰和保护敏感电子设备至关重要。同时，其结构也能够提供一定的电磁屏蔽效果，保障火箭内部电子设备的正常运行。碳纤维及其聚合物基复合材料在火箭部件中的广泛应用，不仅在提高火箭性能、降低整体重量方面具有显著优势，还有助于提高火箭的可靠性、耐久性和适应性，推动了航空航天技术的不断进步。

## 第二节　轨道交通

### 一、碳纤维及其聚合物基复合材料在轨道交通的适用性

#### （一）抗腐蚀和恶劣环境性能适用

碳纤维及其聚合物基复合材料在轨道交通领域的抗腐蚀和恶劣环境性能方面具有显著优势。轨道交通工具在运行过程中常面临潮湿、盐雾等腐蚀性环境的考验，这对车辆结构的耐久性提出了严格的要求。碳纤维及其聚合物基复合材料以其卓越的抗腐蚀性能成为轨道交通领域的理想选择。碳纤维本身具有出色的化学稳定性，不易受到化学物质的侵蚀，因此在腐蚀性环境下能够保持相对稳定的性能。聚合物基体的选择也可以针对不同的环境条件进行调整，以增强整体抗腐蚀性能。在海洋沿线或盐湖等盐雾环境中，传统金属材料容易发生氧化、腐蚀，而碳纤维复合材料则能够有效抵抗这些侵蚀因素。通过精心设计复合材料的表面结构和涂层，可以形成有效的屏障，防止盐雾渗透到材料内部。这不仅能够维护车辆外观的美观性，还能确保车辆结构的完整性，降低维护成本。碳纤维及其聚合物基复合材料还表现出卓越的耐紫外线性能，适应不同地区的高强紫外辐射环境。这对于长时间暴露在户外的轨道交通工具尤为重要，保证了材料的稳定性和耐久性。同时，碳纤维的导电性能也有助于防止静电积聚，减少吸附尘土的可能，进一步维护了外观和性能。碳纤维及其聚合物基复合材料在轨道交通领域的抗腐蚀和恶劣环境性能方面展现出独特的优势，为轨道交通工具的可靠性、耐久性和维护成本的降低提供了有力支持。这使得这类材料在未来的轨道交通工具设计中将继续发挥重要作用。

#### （二）减振和吸音性能适用

碳纤维及其聚合物基复合材料在轨道交通领域的减振和吸音性能方面展现出显著的适用性。轨道交通工具在运行过程中，由于地面不平和车辆本身的振动等原因，会产生较大的振动和噪声，对乘客的舒适性和车辆的结构安全性都提出了挑战。碳纤维及其聚合物基复合材料因其独特的结构和性能，在减振和吸音方面发挥着关键作

用。碳纤维具有优异的机械性能，其高强度和高模量的特点使其成为理想的减振材料。通过在复合材料中合理设计和布置碳纤维增强层，可以有效地吸收和分散振动能量，减少振动的传递。这不仅有助于提高乘客的舒适性，还能减轻车辆其他部件的振动应力，延长车辆的使用寿命。聚合物基复合材料的选择也可以针对吸音性能进行调整。聚合物基体通常具有较好的吸音性能，有助于消耗传播振动时产生的能量，减轻噪声的传播。通过合理设计复合材料的结构和厚度，可以实现对不同频率的噪声的有效吸收，提高车内的安静性。碳纤维复合材料还具有较低的密度，使其在提供强度的同时，不会给车辆增加过多的重量，从而有助于降低能源消耗和提高燃油效率。这对于轨道交通工具来说是一项重要的优势。碳纤维及其聚合物基复合材料在轨道交通领域的减振和吸音性能上体现出了卓越的适用性。通过综合利用碳纤维的高强度、轻质性质和聚合物基体的吸音特性，这类复合材料在提高车辆运行舒适性、降低噪声污染、减轻结构负担等方面发挥着积极的作用。随着对轨道交通工具安全、环保和乘坐体验的不断追求，碳纤维及其聚合物基复合材料将在未来的轨道交通领域发挥更为重要的作用。

### （三）电磁性能和通信需求适用

在轨道交通领域，电磁性能和通信需求是关键的考虑因素，而碳纤维及其聚合物基复合材料在这一方面展现出显著的适用性。碳纤维具有优异的导电性能，使其成为电磁屏蔽的理想材料。通过合理设计和布置碳纤维层，可以有效地阻挡或导引外部电磁辐射，保护车内电子设备的正常运行。这对于轨道交通工具中大量使用的电子系统、通信设备等至关重要，能够有效提高系统的稳定性和可靠性。

聚合物基复合材料的选择也可以通过调整导电性能来满足通信需求。在一些需要无线通信的部件或结构中，合适的导电性能可以确保信号的稳定传输。碳纤维及其聚合物基复合材料在这方面的优越性能使其成为适用于通信系统的材料选择。

碳纤维复合材料的轻质化特性有助于减轻车辆的整体重量，降低能源消耗，提高燃油效率。这对于电动交通工具的电池续航能力和整体性能提出了更高的要求，而碳纤维及其聚合物基复合材料正是符合这一需求的理想材料。碳纤维及其聚合物基复合材料在轨道交通领域的电磁性能和通信需求方面呈现出卓越的适用性。通过优异的导电性能、轻质化特性及适应通信系统的设计，这类复合材料有望在提高轨道交通工具电子设备稳定性、减轻整体负担、降低能源消耗等方面发挥重要作用。随着轨道交通工具智能化水平的提升，对电磁性能和通信需求的要求将更加突出，碳纤维及其聚合物基复合材料将在这一领域持续发挥其优越性能。

## （四）制造工艺和成本效益适用

在轨道交通领域，制造工艺和成本效益是材料选择中至关重要的考虑因素，碳纤维及其聚合物基复合材料在这方面具有显著的适用性。碳纤维复合材料的制造工艺相对灵活，可以通过不同的成形方法满足复杂结构的需求。例如，碳纤维布料可以通过手工层叠或自动化预浸料成形等方式进行加工，使其适应各种形状和尺寸的零部件制造。这种灵活性有助于满足轨道交通工具各种构件的复杂几何形状和设计要求。碳纤维复合材料的制造过程中可以实现高度的自动化和集成化。采用自动化的生产线和预浸料成形工艺，不仅提高了生产效率，还降低了人工成本，使得碳纤维复合材料在大规模制造中更具竞争力。这对于轨道交通领域中对于大量零部件的需求而言，尤其具有显著的优势。碳纤维及其聚合物基复合材料的制造工艺可以实现定向纤维的布置，以增强特定方向的性能。通过合理设计制造工艺，可以使碳纤维复合材料更好地适应受力方向，提高材料的整体性能。这对于轨道交通工具在高速行驶和复杂工况下的使用至关重要。在成本效益方面，虽然碳纤维及其聚合物基复合材料的起始成本相对较高，但在长期运营中，由于其轻质化特性，有助于降低能源消耗和维护成本，进而提高整体的经济效益。此外，随着制造工艺的不断优化和技术的进步，碳纤维复合材料的成本逐渐趋向合理，使其更具吸引力。碳纤维及其聚合物基复合材料在轨道交通领域的制造工艺和成本效益方面呈现出独特的优势。其灵活的制造工艺、自动化生产和轻质化特性为轨道交通工具提供了可行的解决方案，同时在长期运营中体现出显著的经济效益，使其在轨道交通领域得到广泛应用成为可能。

## （五）结构整体强度适用

在轨道交通领域，碳纤维及其聚合物基复合材料的结构整体强度适用于提升车辆的性能和安全性。轨道交通工具的设计注重降低整体重量，以提高燃油效率和运行效能。碳纤维复合材料因其卓越的强度与轻质性质成为理想的轻量化材料。其高比强度使得在相对较轻的重量下能够提供出色的结构整体强度，有助于满足轨道交通工具对强度和轻量化的双重需求。在交通运输领域，车辆往往面临各种冲击和碰撞风险。碳纤维复合材料的结构整体强度使其具备卓越的抗冲击性能，能够吸收和分散冲击能量，从而提高车辆的安全性。这对于应对交通事故或其他意外情况至关重要，有助于减轻事故对乘客和车辆的影响。碳纤维复合材料的结构整体强度与设计的可调性相结合，使得其适用于各种复杂的结构要求。通过调整纤维方向、层序和树脂体系，可以实现对复合材料的结构整体强度进行精细控制，以满足不同应用场景下的性能需求。在轨道交通环境中，车辆需要长时间、高强度地运行。碳纤维复合材料表现出卓越的耐久性，能够抵抗疲劳和老化，保持结构的完整性。这对于提高车辆的寿命、降低维护成本至关重要，同时保障了交通运输系统的可靠性。利用碳纤维复合材料的结构整体强度，可以进行更为精细的结构优化。通过合理的设计和工艺优化，可以最大程度地发挥碳纤维复合材料的优势，提升整体性能，包括强度、刚度、疲劳寿命等方面。碳纤维复合材料的轻量化设计和高强度使得车辆在运行中能够更为节能，减少对能源的依赖。这与轨道交通领域对环保和可持续性的需求相符，有助于推动轨道交通系统的可持续发展。碳纤维及其聚合物基复合材料在轨道交通领域的结构整体强度方面具有显著的适用性。其轻质化设计、卓越的抗冲击性、结构优化和可持续性等特点使得其成为提高交通工具性能和安全性的理想选择。

## 二、碳纤维及其聚合物基复合材料在轨道交通的典型应用

### （一）车体结构

在轨道交通领域，碳纤维及其聚合物基复合材料在车体结构方面发挥着重要的作用。在轨道交通车体结构中，轻量化设计是关键的考虑因素之一，以提高运输效率和节能减排。碳纤维复合材料因其卓越的比强度和轻质性质而成为理想的轻量化材料。通过采用碳纤维复合材料，可以有效减轻车体自身重量，提高整个交通系统的运行效率。在轨道交通中，车体结构需要具备良好的抗冲击性能，以应对可能发生的事故和碰撞。碳纤维复合材料因其高强度和出色的抗冲击性，能够在发生碰撞时吸收冲击能量，提供更高的安全性，保护乘客和车辆。轨道交通车体在运行过程中会经历弯曲和扭转等多种复杂的力学应力。碳纤维复合材料具有出色的弯曲和扭转性能，可以更好地适应车体在曲线行驶、高速运行等不同运行状况下的应力需求，提高整体结构的稳定性和可靠性。轨道交通车体的空气动力学性能对于降低风阻、提高速度和节能减排至关重要。碳纤维复合材料的设计灵活性和优异的空气动力学性能使其成为优选的材料，通过优化车体外形和表面设计，减小空气阻力，提高运输效率。轨道交通车体的材料选择也受到节能环保和可持续性的影响。碳纤维复合材料的制造过程相对较低的能耗和排放，符合轨道交通领域对环保和可持续性的要求。其轻量化设计也有助于减少能源消耗，提高运输系统的整体效益。碳纤维复合材料在车体结构中综合了轻量化、高强度、抗冲击、空气动力学等多重性能优势。这种材料的应用使得轨道交通系统更具竞争力，能够提供更安全、更高效的交通服务。虽然碳纤维复合材料的制造工艺相对复杂，但随着技术的进步和生产规模的扩大，制造成本逐渐降低，成本效益逐渐提高。车体结构的制造可以通过先进的自动化工艺，提高生产效率，降低总体制造成本。

## （二）内饰装饰

在轨道交通领域，碳纤维及其聚合物基复合材料在内饰装饰方面展现了独特的应用价值。内饰装饰要求材料具备轻巧、灵活的设计，以提供舒适的乘坐体验。碳纤维复合材料因其轻质性质而备受青睐，可用于制造座椅、仪表板、门板等内饰装饰件，有效减轻车辆总质量，提高燃油效率。碳纤维具有独特的纹理和光泽感，为内饰装饰注入了现代感和科技感。在内饰件的表面设计中，碳纤维的运用可以提供高档、豪华的外观，提升整体车内环境的品质感。碳纤维复合材料的可塑性强，适应性好，可以进行创新性设计，满足车辆制造商对于独特、个性化内饰的需求。车内的碳纤维装饰件可以根据不同车型、品牌的要求进行定制，为车辆提供独特的品牌识别度。内饰装饰件经常会受到乘客的接触和摩擦，因此需要具备较强的耐磨性。碳纤维复合材料因其高强度和耐久性，在应对常见的磨损和刮擦时表现出色，保持内饰长时间的美观性。内饰装饰件需要能够适应车内不同的温度和湿度条件。碳纤维复合材料由于其低热膨胀系数和抗潮湿性，能够在不同气候条件下保持稳定的性能，不易变形或受潮。轨道交通车辆通常需要具备良好的隔音和隔热效果，以提供安静、舒适的乘坐环境。碳纤维复合材料在内饰装饰中的运用，能够有效减缓噪声传递，提高车内的隔音效果，同时具备一定的隔热性能。碳纤维及其聚合物基复合材料在轨道交通内饰装饰中的应用不仅提升了内部空间的外观和品质，同时通过轻量化设计、创新性定制等方面为乘客提供了更为舒适和个性化的出行体验。

## （三）悬挂系统

在轨道交通领域，碳纤维及其聚合物基复合材料在悬挂系统中的应用展现出卓越的性能和潜力。碳纤维复合材料以其轻质高强的特性，成为悬挂系统中理想的材料选择。通过应用碳纤维弹簧、横拉杆等悬挂元件，可以显著减轻悬挂系统的整体重量，提高车辆的燃油效率和操控性能。悬挂系统对于提供舒适的行车体验至关重要，而碳纤维复合材料的高弹性模量和抗震性能能够有效吸收和减缓来自不平路面的震动，提高车辆在不同路况下的稳定性和舒适性。车辆在不同环境条件下运行，悬挂系统往往暴露在潮湿、盐雾等腐蚀性环境中。碳纤维的抗腐蚀性能使其能够抵御腐蚀，延长悬挂系统的使用寿命，减少维护成本。碳纤维复合材料具有可调控的刚度和弹性模量，可以根据需要进行设计和调整，以适应不同车型、负载和行驶条件。这为悬挂系统提供了更灵活的设计和优化空间。由于碳纤维复合材料的轻量化设计，悬挂系统在行驶时需要更少的能量，有助于降低碳排放，符合当代轨道交通的节能环保要求。碳纤维的低密度和高刚度使其在悬挂系统中能够更灵敏地响应路面变化，提高车辆的操控性能。这对于高速列车和高性能轨道交通工具尤为重要。碳纤维复合材料的应用能够在悬挂系统中提高结构整体强度，减少零部件的失效风险，增加悬挂系统的可靠性。碳纤维及其聚合物基复合材料在轨道交通悬挂系统中的应用为车辆提供了轻量化、高强度、良好的耐腐蚀性和优越的动态性能，进一步推动了轨道交通工具的性能和效能提升。

### （四）制动系统

在轨道交通领域，碳纤维及其聚合物基复合材料在制动系统中的应用展现出独特的性能优势，从制动效能到系统耐久性都发挥着关键作用。制动盘和制动鼓是轨道交通制动系统中至关重要的组成部分。碳纤维复合材料由于其卓越的热稳定性和轻质高强的特性，在制动盘和制动鼓的制造中得到广泛应用。其高导热性和耐高温性质有助于提高制动效能和耐久性，降低制动时的热衰减。碳纤维复合材料在制动卡钳和制动片中的应用可以显著减轻整个制动系统的重量，提高制动系统的灵敏度和响应速度。其优越的耐磨性和耐腐蚀性质使制动片具有更长的使用寿命和更稳定的性能。制动液容器对于维持制动系统的液压性能至关重要。碳纤维复合材料的耐腐蚀性和化学稳定性，使其成为制动液容器的理想选择。它们能够防止制动液与容器壁发生不良反应，确保制动系统的可靠性。轨道交通制动系统中，制动时产生的高温对周围环境和其他部件都可能造成影响。碳纤维复合材料的高温稳定性和隔热性能使其成为制动系统隔热罩的优选材料，有助于降低温度对其他车辆部件的影响。在一些高速列车和轨道交通系统中，碟式制动器板片对制动性能提出了更高的要求。碳纤维复合材料的低密度、高导热性和卓越的热稳定性能够有效应对这些要求，提高制动系统的效率和可靠性。碳纤维及其聚合物基复合材料在轨道交通制动系统中的应用，除了轻量化设计外，还带来了卓越的抗磨损、抗腐蚀、高温稳定等性能。这些性能的优势使得制动系统能够更为可靠、耐久，提高整个交通工具的安全性和运行效率。因此，碳纤维及其聚合物基复合材料在轨道交通制动系统中的广泛应用，为交通工具的性能和可靠性提供了强大的支持。

### （五）车轮和轨道系统

在轨道交通领域，车轮和轨道系统是交通工具的关键组成部分，对于安全、平稳和高效的运行至关重要。碳纤维及其聚合物基复合材料在车轮和轨道系统中的应用展现出独特的性能优势。车轮是交通工具的关键部件之一，其性能直接关系到行驶的平稳性和安全性。碳纤维复合材料在车轮制造中广泛应用，其轻质高强的特性有助于降低整个车辆的质量，提高燃油效率。碳纤维制造的车轮还具有优越的抗疲劳性和耐腐蚀性，延长了车轮的使用寿命。轨道系统的耐磨部件，如轨道、道岔等，是轨道交通系统中容易受到磨损影响的关键部分。碳纤维及其聚合物基复合材料在这些部件的制造中发挥着积极作用。其优越的耐磨性和抗腐蚀性质有助于减缓轨道系统的磨损速度，延长使用寿命，减少维护成本。碳纤维复合材料的结构设计和材料特性使其具备良好的隔振和吸音性能。在轨道系统中，通过在关键部位应用碳纤维复合材料，可以有效减少振动和噪声的传播，提升乘车舒适性，降低环境噪声对周围社区的影响。高速列车的轮辐结构需要同时满足高强度和低重量的要求。碳纤维复合材料的设计灵活性和强度优势使其成为制造高速列车轮辐的理想材料。通过优化设计和使用碳纤维复合材料，可以实现轮辐的轻量化和结构强度的提升。在高速列车制动系统中，制动片和制动盘的性能直接关系到列车的制动效能和安全性。碳纤维复合材料由于其出色的耐高温和抗磨损性能，成为制动片和制动盘的理想选择。其轻质性质有助于减轻制动系统的负荷，提高制动效能。

碳纤维复合材料的高疲劳寿命是其在车轮和轨道系统中得以应用的重要原因之一。通过使用碳纤维复合材料，可以提高车轮和轨道系统的疲劳寿命，减缓由于频繁使用而引起的疲劳损伤。碳纤维及其聚合物基复合材料在车轮和轨道系统中的应用带来了轻量化设计、耐磨性提升、隔振吸音效果、高强度、抗疲劳等多重优势。这不仅提高了交通工具的性能和可靠性，同时也降低了运营成本，为轨道交通领域的可持续发展做出了积极贡献。

### （六）阻尼系统

在轨道交通领域，阻尼系统是一项至关重要的技术，其作用是控制车辆或列车在运行过程中产生的振动，保障乘客的舒适性、车辆的稳定性，同时降低对轨道和结构的冲击。碳纤维及其聚合物基复合材料在阻尼系统中的应用展现出卓越的性能，阻尼系统在车辆振动控制中扮演着关键角色。碳纤维复合材料因其高强度、轻质和优异的耐疲劳性能，成为制造阻尼系统关键部件的理想选择。通过在阻尼系统中应用碳纤维，可以有效降低车辆在运行过程中的振动幅度，提升乘坐舒适性。在高速列车中，阻尼器的设计对列车的稳定性和安全性至关重要。碳纤维复合材料的轻量化特性有助于降低阻尼器的质量，提高其响应速度。同时，碳纤维的高强度和耐腐蚀性能确保阻尼器在各种运行环境下都能保持卓越的性能。隔振垫是阻尼系统中的重要组成部分，用于减轻车辆在运行时由于轮轨交互作用而产生的振动。碳纤维复合材料制造的隔振垫具有出色的强度和弹性模量，能够更好地吸收和分散振动能量，提高阻尼效果。碳纤维复合材料在结构阻尼件中的应用有助于提高整个系统的耐疲劳性和阻尼效果。其设计灵活性使得可以根据具体需求定制不同形状和尺寸的阻尼件，确保系统在各种运行条件下都能保持卓越的性能。在高速磁悬浮列车中，阻尼系统对于维持列车在高速运行中的平稳性至关重要。碳纤维复合材料的应用可以提高阻尼系统的灵活性和耐疲劳性，同时减轻整体结构的重量，有助于提升磁悬浮列车的性能。考虑到阻尼系统经常处于潮湿、多雨等腐蚀性环境中，碳纤维复合材料的优异耐腐蚀性能是其在阻尼系统中的一项重要优势。这确保了阻尼系统能够在不同气候条件下保持长时间的稳定性。

由于碳纤维复合材料的可回收性和可再制造性，其在阻尼系统中的应用有助于提高系统的可持续性。通过采用可持续性的设计和生产方法，阻尼系统可以更好地符合环保要求。碳纤维及其聚合物基复合材料在阻尼系统中的广泛应用，不仅提升了交通工具的运行性能和乘坐舒适性，同时也为交通系统的可持续发展贡献了重要力量。未来，随着技术的不断发展，碳纤维复合材料在阻尼系统中的创新应用将进一步拓展，为轨道交通领域带来更多的发展机遇。

## 第三节　汽车领域

### 一、碳纤维及其聚合物基复合材料在汽车领域的适用性

#### （一）轻量化与高强度适用

轻量化与高强度是碳纤维及其聚合物基复合材料在汽车制造领域备受青睐的关键特性。这一特性的广泛应用，不仅在汽车轻量化方向上产生了深远的影响，也在提高车辆性能、燃油经济性和环境可持续性方面发挥了重要作用。碳纤维的卓越比强度和比刚度赋予了汽车制造者独特的设计自由度。相比传统的金属材料，碳纤维复合材料以更轻的重量展现出更高的强度，为汽车设计师提供了更广泛的选择空间。这使得他们能够在保持结构强度的同时，大幅度减轻车身负担，促使车辆整体质量的降低。这对于应对严格的排放法规和提高燃油效率至关重要。在汽车制造中，通过采用碳纤维复合材料，车身重量的减轻直接导致了燃油效率的提升。由于车辆的燃油效率与其整体重量密切相关，轻量化设计降低了惯性阻力，减少了燃料消耗，从而降低了尾气排放。这对于满足严格的排放标准，降低汽车对环境的影响具有显著的积极效果。轻量化的汽车结构也在提高行驶性能和驾驶体验方面发挥着重要作用。减轻车身质量使得汽车更为灵活，加速更为迅猛，并且在操控性和刹车性能上表现更为出色。这为驾驶者提供了更加愉悦的驾驶体验，同时增加了车辆的安全性。碳纤维复合材料在轻量

化与高强度方面的卓越性能，不仅推动了汽车制造业的创新与发展，也为实现可持续交通和环境友好型汽车做出了积极贡献。这一特性的持续应用将在未来继续引领汽车工业的演变，为未来交通的可持续性贡献力量。

### （二）高刚性和优越的结构性能适用

碳纤维复合材料以其高刚性和优越的结构性能成为汽车制造领域的杰出选择，为车身设计提供了卓越的性能和功能。这种材料的特性不仅增强了车辆的整体结构，还对操控性、稳定性和安全性产生了显著的积极影响。碳纤维复合材料的高刚性使其在受力时能够有效抵抗形变。相比传统的金属材料，碳纤维具有更高的模量，即材料在受力时的刚度。这意味着车身结构在面对外部挑战时更加刚性，不容易发生变形或扭曲。这种特性对于提高车辆的操控性能至关重要，使车辆能够更精准地响应驾驶者的操控指令，实现更为灵活的行驶体验。碳纤维复合材料在整车结构中的应用有助于提高车辆的整体稳定性。高刚性的材料能够有效地减少车身的振动和变形，降低车辆在高速行驶或曲线行驶时的侧倾幅度。这对于保持车辆在各种驾驶条件下的稳定性，提高驾驶舒适性和安全性具有重要意义。在安全性方面，碳纤维复合材料的高刚性有助于提高车身的抗撞击性能。其在受到外部冲击时能够更好地分散和吸收能量，减轻撞击对车辆结构的损伤。这对于提高汽车的被动安全性起到了关键作用，为驾驶者和乘客提供更可靠的安全保障。碳纤维复合材料的高刚性和卓越的结构性能不仅提高了整车结构的稳定性和安全性，也为操控性的提升和驾驶体验的优化做出了积极贡献。这种材料的广泛应用将进一步推动汽车制造业向更为先进、高效和安全的方向发展。

### （三）良好的抗腐蚀性能适用

碳纤维复合材料展现出卓越的抗腐蚀性能，这一特性对汽车在潮湿或腐蚀性环境中的长期使用起到了至关重要的作用。相较于金属材料，碳纤维的抗腐蚀性能更为显著，为汽车制造带来了诸多优势。碳纤维的化学稳定性使其更加耐腐蚀。在潮湿环境中，金属车身容易受到水分、盐雾等腐蚀性物质的侵蚀，从而导致生锈和腐蚀。而碳纤维的分子结构使其不易与水分发生化学反应，从而大大降低了受潮引起的腐蚀风险。这种特性为汽车在潮湿气候中的使用提供了更为可靠的保障。碳纤维对化学物质的抵抗性强，能够有效防止一些腐蚀性介质对车身的侵害。在城市环境中，空气中可能存在的酸雨、工业废气等有害气体对金属车身造成的腐蚀是一个普遍问题。而碳纤维的化学惰性使其对这些有害物质相对不敏感，降低了车身受到腐蚀的可能性。碳纤维还具备优异的电绝缘性能，避免了电化学腐蚀的问题。金属在潮湿条件下易于发生电化学反应，形成电池效应，从而加速腐蚀的发生。而碳纤维复合材料由于不导电，有效地抑制了这种电化学腐蚀的发生，提高了车身的整体耐久性。因此，碳纤维复合材料在抗腐蚀性能方面的优越表现，不仅减缓了汽车结构的老化过程，延长了汽车的使用寿命，同时也降低了维护和修复的成本。这使得碳纤维复合材料成为在恶劣环境条件下，尤其是海岸地区等容易受到腐蚀侵害的地方，更为可靠和持久的选择。

### （四）良好的吸能性能适用

碳纤维复合材料在汽车制造领域表现出卓越的吸能性能，这一特性对于提高汽车的安全性具有重要意义。在碰撞事故中，碳纤维复合材料能够有效地吸收和分散碰撞能量，减缓碰撞带来的冲击，从而保护车辆结构和乘客安全。碳纤维的高比强度和高比刚度使其成为理想的吸能材料。在碰撞发生时，汽车部件可能受到巨大的冲击力，而碳纤维的出色强度和刚度使其能够有效地承受这些力量。通过在车身结构中应用碳纤维复合材料，车辆制造商能够实现更高效的吸能设计，使车辆在碰撞时能够更好地保持结构完整性。碳纤维的吸能性能可以通过设计复合材料的层序结构来进一步优化。通过合理设计碳纤维层的叠加方式和方向，可以实现在不同方向上的吸能性能调控。这种层序结构的设计使得碳纤维复合材料在碰撞时能够以更加精确和有效的方式吸收和分散能量，最大程度地减小碰撞对车辆和乘客的损害。碳纤维具有出色的疲劳耐久性，这意味着即使在多次碰撞或振动加载下，其吸能性能也能够得到保持。这使得碳纤维复合材料在长期使用过程中能够持续发挥吸能功能，为车辆的整体安全性提供可靠的支持。碳纤维复合材料在汽车制造中的优异吸能性能，为提高汽车碰撞安全性、减小事故带来的损害，以及降低车辆维修成本提供了创新性的解决方案。这使得碳纤维在汽车安全领域的广泛应用成为一种独具潜力的趋势。

### （五）电绝缘性适用

碳纤维的良好电绝缘性能使其成为电动汽车领域中重要的材料之一。在电动汽车中，电池箱等部件承担着存储和释放电能的关键任务。为了确保电池系统的稳定运行和提高电动汽车的安全性，材料必须具备良好的电绝缘性，防止电器元件之间发生短路和电气故障。碳纤维具有优异的绝缘性能，能够有效隔离电流，防止电子元件之间发生电气接触。其绝缘性能主要源于碳纤维的非导电性质，使其在电场作用下表现出卓越的电阻特性。这使得碳纤维复合材料成为制造电动汽车电池箱外壳等部件的理想选择，为电池系统提供了良好的绝缘保护。碳纤维还具有轻质高强的特点，能够在提供电绝缘性的同时，不会增加电动汽车的整体重量。相比之下，传统的金属材料可能会导致电池系统较大的自重，而碳纤维的轻质性质有助于实现电动汽车的轻量化设计，提高整车的能效和行驶里程。碳纤维复合材料的设计灵活性使得它能够适应不同形状和尺寸的电池箱结构，满足电动汽车制造中对于形状多样性的需求。这为电池系统的优化设计和整车空间的有效利用提供了更多可能性。碳纤维复合材料在电动汽车领域的电绝缘性能，为电池系统的安全运行提供了关键保障。其轻质高强的特性和设计灵活性使得碳纤维成为电动汽车关键部件制造中备受青睐的材料，推动了电动汽车领域的技术创新和性能提升。

### （六）耐热性能适用

碳纤维复合材料在汽车领域的耐热性能表现出色，使其成为高温环境下的理想选择，尤其在引擎舱等高温区域的应用中发挥着关键作用。碳纤维具有卓越的高温稳定性，能够在高温环境下保持结构的稳定性和强度。这一特性使得碳纤维复合材料成为替代传统金属材料的优选，特别是在汽车引擎舱等需要承受高温的区域。在引擎舱内，高温来自引擎的运转和排气系统的工作，传统的金属材料可能面临高温膨胀、氧化、强度下降等问题，而碳纤维能够更好地应对这些挑战，保证车辆在高温条件下的正常运行。碳纤维的低热传导性质有助于减少热量在材料内部的传递，提高了材料的耐热性。相比之下，金属在高温环境下容易传导热量，可能导致周围部件的温度升高，影响整车性能。碳纤维的低热传导性不仅有助于减轻材料受热程度，还有助于降低整体车辆的温度，确保汽车在高温环境下的稳定性和可靠性。碳纤维还表现出良好的耐氧化性，能够在高温氧化环境中保持材料的稳定性。这对于应对引擎舱内可能存在的氧化、腐蚀等问题至关重要，有助于延长汽车零部件的使用寿命。在碳纤维复合材料的应用中，通过合理设计界面结构和表面涂层，还可以进一步提高其在高温环境下的性能表现，使其更好地适应汽车引擎舱等苛刻的工作条件。碳纤维复合材料在汽车领域的耐热性能为车辆提供了可靠的材料解决方案，不仅在提高整车性能方面发挥重要作用，也为未来汽车工业的发展带来了新的可能性。

## 二、碳纤维及其聚合物基复合材料在汽车领域的典型应用

### （一）车身结构

碳纤维复合材料在汽车车身结构中的应用是为实现轻量化、高强度和优越的安全性能而选择的理想之选。其在车身结构方面的卓越表现为汽车工业带来了革命性的变化。碳纤维复合材料因其轻质高强的特性成为制造汽车车身结构的理想选择。相比于传统的金属材料，碳纤维复合材料具有更低的密度和更高的比强度，使得整车重量得以显著降低。这种轻量化设计不仅符合当代汽车工业对于环保和能源效率的要求，更

能提高汽车的燃油效率，减少碳排放，推动汽车工业朝着更可持续的方向发展。碳纤维复合材料在车身结构中的应用有助于提升整体性能。其高强度使得车身更具刚性，提高了车辆的操控性、稳定性和安全性。在碰撞事故中，碳纤维复合材料能够吸收和分散冲击能量，有效减缓碰撞对车辆和乘客的损害，从而显著提升汽车的 PASS 等级和整体安全性。这是汽车制造商在追求更高安全标准时的重要考量。碳纤维复合材料的设计灵活性使得车身结构更容易实现个性化和创新。由于碳纤维可以制成各种形状和尺寸，汽车设计师能够更灵活地打造出独特的外观和结构。这为汽车行业引入更多创新元素、提高设计美感提供了广阔的空间。碳纤维复合材料在汽车车身结构中的应用不仅满足了轻量化、高强度和安全性的要求，还为汽车制造业的技术创新和可持续发展提供了有力支持。这一应用趋势将在未来继续引领汽车制造领域的发展方向，推动汽车技术不断向前迈进。

### （二）电动汽车部件

在电动汽车领域，碳纤维复合材料发挥着关键的作用，特别是在电池箱、电池支架等部件的制造中，其独特的性能为电动汽车提供了显著的优势。碳纤维复合材料的轻量化特性使其成为电动汽车部件的理想选择。电动汽车的续航里程直接受到车辆整体重量的影响，而碳纤维复合材料相比传统金属材料更轻，因此能够有效减轻电动汽车的整体负荷，提高电池的使用效率，从而增加续航里程。这对于电动汽车的市场竞争力和用户体验至关重要。碳纤维复合材料的优异电绝缘性能有助于提高电动汽车的安全性。在电池箱等组件中，为了防止电器元件之间的短路和电池的过热等问题，需要具备良好的电绝缘性。碳纤维复合材料不导电的特性使其成为电动汽车电池箱的理想外壳材料，有效隔离了电池与外部环境的直接接触，提高了电动汽车的整体安全性能。碳纤维复合材料的设计灵活性和强度使其在电池支架等部件中得以广泛应用。其高强度和刚性有助于维持电池的结构稳定性，确保电池组件在不同工况下能够保持良好的工作状态。与传统材料相比，碳纤维复合材料能够更好地满足电动汽车对于结构强度和耐久性的要求。碳纤维复合材料在电动汽车部件中的应用，特别是在电池箱和电池支架等关键组件上，为电动汽车的性能提升、轻量化设计及安全性能的提高做出了积极贡献。这一趋势将随着电动汽车市场的不断发展而进一步加强，推动电动汽车产业向更加可持续和创新的方向发展。

### （三）引擎舱组件

引擎舱作为汽车的核心部件之一，对于引擎的运行和整车性能起着至关重要的作用。在这个关键区域，碳纤维及其聚合物基复合材料的应用为汽车引擎舱组件带来了一系列显著的优势，从材料轻量化到热性能的提升，都为整车性能和驾驶体验的提高提供了强大支持。碳纤维复合材料在引擎舱组件中的轻量化设计对整车的燃油效率和驾驶性能具有显著的影响。相比传统金属材料，碳纤维具有更高的比强度和比刚度，因此能够在保证足够强度的同时减轻整车的重量。这不仅降低了汽车的油耗，提高了燃油效率，还有助于提升汽车的操控性能和驾驶稳定性。碳纤维复合材料在引擎舱组件中的应用提高了整车的热性能。引擎舱是汽车工作环境中温度最高的区域之一，对于材料的耐热性和导热性提出了挑战。碳纤维复合材料具有优异的耐高温性能和热导性，能够更好地抵御引擎高温环境下的作用，保持结构的稳定性，延长汽车部件的使用寿命。碳纤维复合材料的设计灵活性使得引擎舱组件更容易实现复杂形状和结构，为工程师提供了更多创新设计的可能性。这有助于优化空气动力学效应，提高汽车的整体性能和燃油经济性。在引擎舱盖、空气进气道、散热器支架等组件中，碳纤维及其聚合物基复合材料的广泛应用都为汽车制造商提供了提升汽车性能、降低油耗、增加驾驶舒适性的切实途径。随着材料科技的不断进步和对汽车轻量化的不断需求，碳纤维复合材料在引擎舱组件中的应用将在未来继续发挥关键作用，推动汽车工业朝着更加可持续和高效的方向发展。

### （四）底盘和悬挂系统

碳纤维及其聚合物基复合材料在汽车底盘和悬挂系统的应用是为了提高整车的操控性、稳定性及乘坐舒适性。这些关键部件的性能直接关系到车辆在行驶过程中的稳定性、操控性和驾驶体验。碳纤维复合材料的引入为底盘和悬挂系统带来了一系列显著的优势。碳纤维复合材料的轻质高强特性使得在底盘和悬挂系统中的应用能够显著减轻整车重量。减轻底盘和悬挂系统的质量有助于降低汽车的重心，提高操控性和稳定性。车辆在转弯、加速和制动时的响应更为迅捷，驾驶员能够更好地掌控车辆，提升驾驶乐趣和安全性。碳纤维复合材料具有优异的弯曲刚度和抗疲劳性能，这对于底盘和悬挂系统来说至关重要。在汽车行驶过程中，悬挂系统需要不断应对颠簸、减震等复杂路况，而碳纤维的高弯曲刚度有助于提高悬挂系统的响应速度，保持车辆的平稳性和乘坐舒适性。碳纤维复合材料的耐腐蚀性能也使得底盘和悬挂系统更加耐用。在面对恶劣天气和道路条件时，传统金属材料容易受到腐蚀的影响，而碳纤维则能够有效抵御腐蚀，延长底盘和悬挂系统的使用寿命。碳纤维复合材料的设计灵活性使得底盘和悬挂系统更容易实现复杂结构和精细设计，以优化空气动力学效应，提高整车的性能。这对于提高汽车的燃油效率和降低气动阻力至关重要。碳纤维及其聚合物基复合材料在汽车底盘和悬挂系统中的应用，通过轻量化设计、提高弯曲刚度、耐腐蚀性等方面的优势，为汽车的操控性、稳定性和耐久性提供了重要支持，是推动汽车工业不断迈向高性能和可持续发展的关键因素。

### （五）制动系统部件

碳纤维及其聚合物基复合材料在汽车制动系统部件中的应用对于提升制动性能、减轻整车重量及增强系统耐用性都具有重要作用。制动系统作为汽车安全性的关键组成部分，其性能对驾驶员和车辆乘客的安全至关重要。碳纤维复合材料的轻质高强特性为制动系统提供了理想的材料选择。制动系统的质量直接影响整车的制动性能和燃油效率。采用碳纤维制动系统部件，如碳陶瓷制动盘，能够显著减轻车辆的非悬架质量，提高刹车系统的响应速度和热性能，从而增强整车的制动性能。碳纤维复合材料的高温稳定性和抗疲劳性能使其成为制动系统的理想候选。在高速行驶和紧急制动等极端条件下，制动系统部件会受到高温和强烈的力学应力。碳纤维复合材料的优越热导性和抗疲劳性使其能够更好地应对这些挑战，延长制动系统部件的使用寿命，减少制动系统的性能衰减。碳纤维复合材料在制动系统部件中的应用还提供了更好的抗腐蚀性能。制动系统往往在潮湿和多变的气候条件下运行，传统金属材料容易受到腐蚀的影响。采用碳纤维制动系统部件可以有效抵御腐蚀，保持制动性能的稳定性，同时降低维护成本。碳纤维复合材料的设计灵活性使得制动系统部件能够更好地适应复杂的形状和结构需求。这为优化制动系统的气动效应、提高整车的性能和安全性提供了更大的空间。通过精密设计，碳纤维制动系统部件能够更好地适应不同车型和驾驶需求。碳纤维及其聚合物基复合材料在汽车制动系统部件中的应用通过轻量化设计、提高耐高温性能、抗腐蚀性及设计灵活性等方面的优势，为汽车的制动性能、安全性和可靠性提供了重要的支持，是推动汽车工业不断提升技术水平和安全标准的关键因素。

# 第四节　体育休闲

## 一、碳纤维及其聚合物基复合材料在体育休闲领域的适用性

### （一）耐磨性和抗腐蚀性适用

碳纤维及其聚合物基复合材料在体育休闲领域的耐磨性和抗腐蚀性能是其广泛应用的重要特性，对于提升器材的耐久性和维持外观品质至关重要。耐磨性是评估运

动器材使用寿命和性能表现的重要指标。在体育运动中，器材往往要经受摩擦、磨损和撞击等多种力的作用。碳纤维复合材料因其硬度高、耐磨性强的特性，使得器材在运动过程中能够更好地抵御外界刮擦和磨损，保持表面的光滑和外观。例如，足球、篮球等运动器材的外壳采用碳纤维复合材料，能够在场地摩擦中保持持久的外观和性能。抗腐蚀性能是特别重要的特性，尤其是在户外运动和水上运动中。碳纤维具有优异的抗腐蚀性，不易受到湿度、盐水、酸雨等腐蚀因素的影响。这使得碳纤维复合材料的器材在海滩、游泳池等潮湿环境中能够保持良好的性能和外观，延长使用寿命。举例而言，冲浪板、划艇等水上器材的制造中广泛采用碳纤维，确保其在水上环境中长时间的稳定使用。在体育休闲领域，耐磨性和抗腐蚀性能的提升直接关系到运动器材的使用寿命和性能表现。碳纤维复合材料的卓越性能在这方面发挥了积极作用，为运动爱好者提供了更为可靠和耐用的器材选择。其不仅在运动器材中得到了广泛应用，同时也推动了体育休闲领域的技术创新和产品升级。

### （二）优异的振动吸收性能适用

碳纤维及其聚合物基复合材料在体育休闲领域表现出的优异振动吸收性能对于提升运动器材的舒适性和运动员的表现至关重要。这一性能特点使得碳纤维复合材料在诸如自行车、高尔夫球杆、滑板等器材的制造中成为理想的材料选择。

碳纤维复合材料因其结构设计的灵活性，能够在制造过程中被调整以达到理想的振动吸收效果。这使得运动器材制造商能够根据特定的运动需求和运动场景，优化材料的振动吸收性能，提供更加符合运动员个性化需求的器材。碳纤维复合材料的高强度和低密度使其具备卓越的振动吸收能力。在运动过程中，冲击和振动是不可避免的，而碳纤维的结构能够有效地吸收并分散这些振动能量，减缓其传播到运动员身体的速度，从而降低运动员在长时间运动中的疲劳感和不适感。碳纤维复合材料还表现出卓越的自然频率调控能力，能够更好地适应不同频率的振动。这使得器材制造商能够设计出更为灵活、平稳的运动器材，提供更加优越的振动吸收效果。在体育休闲领域，碳纤维复合材料的优异振动吸收性能为运动员提供了更加舒适的运动体验，减轻了长时间运动对身体的冲击，同时有助于提高运动员的表现水平。这一特性使得碳纤维成为许多高端运动器材的首选材料，推动了体育休闲产业的不断创新和发展。

### （三）高强度与柔韧性兼具适用

碳纤维及其聚合物基复合材料在体育休闲领域的表现不仅体现在高强度上，同时具备出色的柔韧性，这使得其成为制造运动器材的理想选择。碳纤维复合材料因其独特的结构设计，使其具有卓越的高强度特性。碳纤维本身就是一种极轻但强度极高的材料，而在与聚合物基体复合的过程中，可以进一步增强其整体的强度。这种高强度使得碳纤维复合材料在制造体育器材时能够承受各种运动中的冲击和拉伸力，确保器材在使用过程中不易受损，具有更长的使用寿命。碳纤维复合材料同时具备卓越的柔韧性。这一特性源自碳纤维的纤维结构和聚合物基体的弹性，使得材料能够在承受外部冲击时发生一定程度的变形而不破裂。这为运动器材提供了更好的缓冲性能，减轻了冲击对运动员和器材的影响，有助于提高运动安全性。碳纤维复合材料还具备优异的设计灵活性，可以通过调整纤维层叠和基体配比等参数，实现对材料柔韧性的精准调控。这使得制造商能够根据不同运动的特点和运动员的需求，设计出更适用的器材，提供更好的运动体验。在体育休闲领域，碳纤维复合材料以其高强度和柔韧性的卓越表现，被广泛应用于制造各类器材，还为运动员提供了更为舒适和安全的运动体验，推动了体育休闲产业的不断创新和发展。

### （四）电绝缘性适用

碳纤维及其聚合物基复合材料在电绝缘性能方面的卓越表现使其在体育休闲领域的一些特殊应用中发挥着重要作用。具体而言，对于需要电绝缘性能的体育器材，如一些特殊的运动手套和头盔等，碳纤维复合材料的应用可为用户提供额外的安全保障。碳纤维的良好电绝缘性能使其成为电动滑板车外壳的理想选择。电动滑板车作为一种便携式交通工具，其外壳需要具备良好的电绝缘性能，以防止电池和电路部件对外界环境或用户造成电击风险。碳纤维复合材料的卓越电绝缘性质使其成为制造电动滑板车外壳的理想材料，确保了用户在使用过程中的安全。碳纤维复合材料在特殊用途的头盔中的应用同样突显了其电绝缘性能的优势。在某些运动或极限运动中，头盔的设计不仅要考虑到抗冲击性能，还需要具备电绝缘性，以降低意外事故发生的概率。碳纤维复合材料的轻质高强和良好的电绝缘性使其成为制造头盔的理想选择，为运动员提供了更全面的保护。碳纤维及其聚合物基复合材料在体育休闲领域中在电绝缘性能方面的实际应用。通过结合碳纤维的独特特性，这些器材不仅能够提供出色的保护性能，同时也满足了对电绝缘性的特殊要求，为运动员和使用者提供了更安全、可靠的体验。

### （五）轻量化与高强度

多数体育用品设计理念的核心在于通过采用轻质但强度高的材料，既确保了器材的轻盈灵活性，又保持了足够的结构强度，为运动员提供卓越的性能和使用体验。碳纤维作为一种极轻的材料，其密度远低于传统金属材料，如铝或钢铁。这使得运动器材在轻质化的设计下，可以显著减轻整体重量，提高携带和操控的便利性。举例而言，自行车作为体育休闲领域中常见的运动工具，采用碳纤维复合材料的车架能够显著减轻车辆的自重，使骑行更为轻松、灵活。碳纤维复合材料的高强度特性是实现轻量化设计的关键。尽管碳纤维的密度轻，但其强度却相当出众，具备抗拉伸和抗弯曲的优越性能。在高强度的支持下，运动器材能够承受更大的外部冲击和负荷，保持结构的完整性和稳定性。例如，高尔夫球杆的杆身采用碳纤维构造，既确保了杆身的轻盈性，又在挥杆时提供了足够的强度，使球手更容易掌控挥杆力度和方向。在轻量化设计与高强度的基础上，碳纤维复合材料能够为体育器材的制造提供更大的设计灵活性。设计师可以更自由地创造出外形独特、线条流畅的器材，满足运动员对于性能和美感的双重需求。这种设计灵活性尤其在一些注重外观和流线型设计的运动器材上体现得淋漓尽致，如滑板、冲浪板等。碳纤维及其聚合物基复合材料在体育休闲领域通过轻量化设计与高强度的优势，不仅为运动器材提供了更为出色的性能，也在设计上展现出更大的创新空间。这一设计理念的应用不仅促进了运动器材的技术进步，也提升了用户体验，推动了体育休闲领域的发展。

## 二、碳纤维及其聚合物基复合材料在体育休闲领域的典型应用

### （一）高尔夫球杆

高尔夫球杆的制造中引入碳纤维复合材料是为了实现轻量化设计和提高强度，以优化球杆的性能。这种材料在高尔夫球运动中的应用带来了显著的改进，涉及轻量化设计、高强度和灵活性等方面。轻量化设计是碳纤维复合材料在高尔夫球杆中的显著特点。由于碳纤维的轻质性质，球杆的整体重量得以降低，使得球手能够更轻松地挥动球杆，提高挥杆速度。这对于球手来说至关重要，因为挥动速度的提升直接影响着球的飞行距离。碳纤维复合材料的高强度是增强高尔夫球杆性能的重要因素。高尔夫球运动要求球杆具有足够的强度来应对球的冲击和挥杆的力度，以确保球的方向和飞行轨迹的准确性。碳纤维复合材料的高强度使得球杆更耐用，能够承受高频次的冲击而不易损坏，延长了球杆的使用寿命。碳纤维复合材料还赋予了高尔夫球杆更好的灵活性。碳纤维具有优异的弹性模量，这意味着球杆在挥动时能够更好地弯曲和回弹。这种灵活性使得球手能够更好地掌握球杆，增加球的控制性，提高了在挥杆过程中的稳定性和精准度。碳纤维复合材料在高尔夫球杆的制造中以轻量化设计、高强度和灵活性为关键特点，为球手提供了更为优越的挥杆体验。这种先进的材料应用不仅改善了球杆的性能，也推动了高尔夫运动的技术发展（见图 6-5 和图 6-6）。

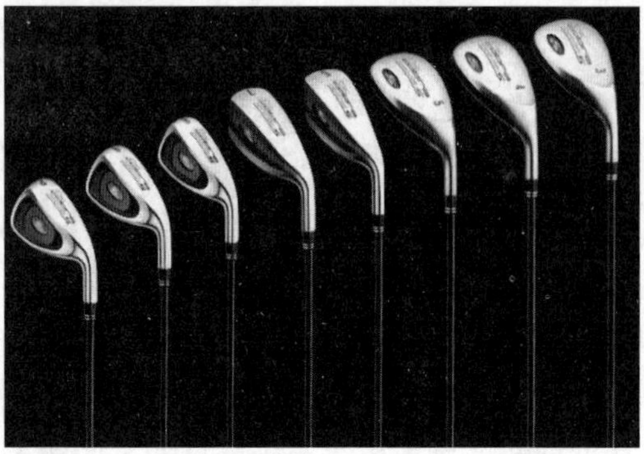

图 6-5　碳纤维高尔夫球杆（一）

图 6-6　碳纤维高尔夫球杆（二）

## （二）自行车框架

碳纤维复合材料在自行车框架中的应用为自行车带来了显著的轻量化设计和振动吸收优势，极大地提升了自行车的性能和骑行体验。轻量化设计是碳纤维复合材料在自行车框架中的显著特点之一。相比传统的金属材料，碳纤维具有更低的密度和更高的比强度，因此能够在保持足够强度的同时显著减轻整个车架的重量。这种轻量化设计直接影响了骑行体验，使得骑手更容易掌控自行车、提高操控性，并减轻了长时间骑行对骑手的疲劳程度。碳纤维复合材料在振动吸收方面表现出色，为自行车提供了更为舒适的骑行体验。骑行过程中，车架能够吸收来自路面的振动和颠簸，减缓这些振动传递到骑手身上的速度，有效缓解骑行中的颠簸感，提高了骑行的平稳性和舒适性。特别是在不平坦的路面上，碳纤维复合材料的振动吸收性能能够显著减轻对骑手的冲击，使得骑行更加愉悦。碳纤维复合材料在自行车框架中的应用通过轻量化设计和振动吸收性能的提升，为骑手创造了更轻盈、更舒适的骑行环境。这种先进材料的采用不仅改善了自行车的性能，还促进了自行车行业的技术创新。

## （三）滑雪器材

碳纤维复合材料在滑雪器材中的应用为这些设备带来了卓越的耐磨性和抗腐蚀性，显著提升了在雪地运动中的性能和耐久性。碳纤维复合材料的耐磨性使滑雪器材更加耐用。在雪地运动中，滑雪板和雪橇等器材经常面临摩擦和磨损，因此对耐磨性的要求较高。碳纤维具有出色的耐磨性能，能够有效减缓摩擦对器材表面的损伤，延长使用寿命。骑手或运动员可以更长时间地享受滑雪运动，而无需频繁更换器材。抗腐蚀性是碳纤维复合材料在雪地环境中的另一重要优势。雪地通常伴随着湿润的气候和大量的融雪剂，这可能导致金属部件的腐蚀。而碳纤维不受水分和融雪剂的侵蚀，具有优异的抗腐蚀性能。这使得滑雪器材在潮湿的雪地环境中能够保持稳定性和性能，不易受到腐蚀的影响，延长了器材的使用寿命。碳纤维复合材料在滑雪器材中的应用通过提供卓越的耐磨性和抗腐蚀性，为滑雪运动员提供了更耐用、更可靠的装备。这种先进材料的运用不仅改善了滑雪器材的性能，也为雪地运动的发展带来了技术上的创新。

### （四）运动护具

碳纤维在运动护具的制造中具有关键作用，尤其在头盔、护膝、护肘等护具中，它的高强度和柔韧性为运动员提供了卓越的保护和舒适性。碳纤维的高强度为运动护具提供了卓越的保护性能。运动员在进行高强度运动时可能面临外部冲击和撞击，而碳纤维具有出色的抗冲击性能，能够有效吸收和分散冲击力，减轻对运动员的损伤。特别是在头盔制造中，碳纤维的高强度确保了头部在碰撞时得到有效的保护，减少了头部受伤的风险。碳纤维的柔韧性为运动护具提供了舒适的佩戴感。运动员在比赛或锻炼中需要保持灵活性和敏捷性，而柔韧性高的碳纤维材料能够更好地适应人体曲线，确保护具紧密贴合，不影响运动员的运动表现。这种柔韧性还有助于降低护具的硬度，减轻穿戴时的不适感，提高佩戴舒适度。碳纤维在运动护具中的运用通过高强度提供了卓越的保护性能，同时通过柔韧性确保了佩戴的舒适性。这使得碳纤维制造的运动护具成为运动员在各种运动场合中的重要保护装备，有效提高了运动员在比赛和锻炼中的安全水平。

### （五）体育鞋类

碳纤维复合材料在体育鞋类的制造中发挥着关键作用，特别是在运动鞋和足球鞋等领域。其轻量化设计和抗磨损性能为运动员提供了卓越的舒适性、灵活性和稳定性。碳纤维的轻量化设计为运动鞋提供了重要的优势。在各类体育运动中，运动员需要迅速移动、灵活转身，而轻量的鞋子可以减轻下肢负担，提高运动员的机动性和速度。碳纤维的轻质特性使得鞋子整体重量降低，为运动员提供更为舒适和灵活的穿着体验。碳纤维复合材料在鞋底的抗磨损性能方面表现出色。运动员在进行高强度运动时，鞋底往往是最容易受到磨损的部位，而采用碳纤维的鞋底具有出色的耐磨性，能够抵御长时间、高频次的摩擦，延长鞋子的使用寿命。尤其在足球比赛等需要频繁奔跑和刹车的场合，碳纤维制造的鞋底能够更好地满足运动员对于抗磨损性能的需求。碳纤维复合材料在体育鞋类中的应用通过轻量化设计提高了穿着舒适性和运动灵活性，同时通过优异的抗磨损性能延长了鞋子的使用寿命。这使得碳纤维制造的体育鞋成为运动员在不同运动场合中的理想选择，为其提供了卓越的性能和保护（见图 6-7 和图 6-8）。

图 6-7　碳纤维复合材料制造的鞋类（一）

图 6-8　碳纤维复合材料制造的鞋类（二）

# 本章小结

本章深入探讨了碳纤维及其复合材料在不同领域的广泛应用，包括航空航天、轨道交通、汽车领域及体育休闲。碳纤维复合材料以其轻质高强的独特性能，成为各行业追逐的材料之一。在航空航天领域，碳纤维复合材料凭借其卓越的轻量化设计和高强度特性，成功应用于飞机的结构件、机身、机翼等关键部位。其抗疲劳性能、导热性能等方面的优势，提高了飞行器的整体性能，推动了航空航天技术的不断创新。在轨道交通领域，碳纤维复合材料在高速列车、地铁车辆等交通工具的制造中发挥了关键作用。轻量化设计和高强度的特性，使得交通工具更加节能高效，同时其抗腐蚀性、抗疲劳性等性能，确保了交通工具在不同环境下的安全运行。在汽车领域，碳纤维复合材料为汽车制造业带来了巨大的变革。通过降低车身重量、提高整体结构性能，汽车在燃油效率、碰撞安全性等方面取得了显著进展。电动汽车的崛起也得益于碳纤维复合材料在电池箱、电动汽车部件等方面的成功应用。在体育休闲领域，碳纤维复合材料不仅为运动器材带来了轻量化设计和高强度，同时其振动吸收性能、电绝缘性等特性，提高了运动员的表现和体验。从高尔夫球杆到运动护具，碳纤维的运用改变了体育器材的设计和性能标准。碳纤维及其复合材料在不同领域的广泛应用彰显了其多面性能和巨大潜力。随着科技不断进步，碳纤维复合材料将继续引领各行业向更高效、更可持续的发展方向迈进。这一系列的应用案例为未来的材料研究和工程设计提供了有力的借鉴，促使碳纤维及其复合材料在更多领域中发挥其优势。

# 第七章　研究展望与未来发展方向

## 引　言

碳纤维及其聚合物基复合材料作为一种轻质高强、多功能的先进材料，其性能不仅受制于其组分材料，还受到界面性能的重要影响。随着科学技术的不断进步和应用领域的拓展，对于这些复合材料的界面性能研究变得愈加关键。本章将对碳纤维复合材料界面性能的研究展望和未来发展方向进行探讨。界面性能直接关系到复合材料的整体性能，包括力学性能、耐热性能、耐腐蚀性能等。因此，深入研究界面的黏附性、传递载荷的能力及在复合材料中的分布等方面，对于优化材料的力学性能至关重要。未来的研究可着眼于设计更智能、高效的界面结构，以实现更卓越的力学性能。随着航空航天、汽车工业、体育休闲等领域对轻量化设计和高性能材料的需求不断增加，碳纤维复合材料的应用前景广阔。在这一背景下，界面性能的研究应注重在不同应用场景下的适应性和优越性。未来的发展方向可致力于定制化的界面设计，以满足不同领域对于复合材料性能的特定要求。随着纳米技术、计算机模拟等领域的不断发展，可以更加精细地研究界面的微观结构和相互作用机制。通过纳米级别的设计和调控，实现界面的精准控制，提高材料的整体性能。未来的研究方向可深入挖掘纳米技术在碳纤维复合材料界面性能调控方面的潜力。碳纤维及其聚合物基复合材料界面性能的研究展望与未来发展方向涉及力学性能的优化、应用领域的拓展、纳米技术的运用及环保可持续发展等多个方面。通过深入研究这些方向，将为碳纤维复合材料的应用提供更多可能性，推动其在各个领域中发挥更为重要的作用。

# 第一节 挑战与机遇

## 一、碳纤维及其聚合物基复合材料界面性能面临的挑战

### （一）黏附强度不足

黏附强度的不足是碳纤维复合材料面临的一个关键挑战，对材料的整体性能产生深远的影响。黏附强度不足可能源自于碳纤维和聚合物基体之间的化学性质不匹配，以及在制备过程中可能存在的表面处理不当等问题。碳纤维表面的化学性质与聚合物基体之间的黏附性是确保复合材料性能的关键。碳纤维通常具有惰性表面，其表面固有的低能级使得与之黏附的聚合物基体的黏附能力受到限制。为了克服这一问题，常常需要通过表面处理手段，如氧化、改性涂层等，增强碳纤维表面的活性，提高其与聚合物基体的黏附性。不合理的表面处理可能导致处理效果不佳，影响黏附性能。制备过程中的工艺条件和参数也对黏附强度产生直接影响。温度、压力、固化时间等因素都可能影响碳纤维和聚合物基体之间的黏附质量。在过低或过高的温度条件下，或者固化时间不足，都可能导致界面的黏附性能不理想。因此，确保在制备过程中对这些参数进行精确控制至关重要。界面的黏附强度还受到环境因素的影响。在湿润或高温环境中，黏附强度可能受到削弱，从而影响复合材料的长期耐久性。因此，在材料设计阶段就需要考虑材料在实际使用环境下的表现，采取相应的措施来提高界面的湿热性能。

### （二）界面的热膨胀不匹配

由于碳纤维和聚合物基体之间具有不同的热膨胀系数，当材料受到温度升高的影响时，两者之间可能出现热膨胀不一致的情况。高温环境下，材料内部的温度变化会导致碳纤维和聚合物基体在热膨胀方面存在差异，从而产生不同的热膨胀应力。这种不匹配可能导致界面的剪切和分层现象，从而影响材料的整体性能。具体表现为在高温条件下，碳纤维和基体之间的粘结可能会减弱，甚至导致部分分离，加剧了材料的脆性。这一问题的解决涉及材料设计和工艺方面的改进。在设计阶段，可以选择具有更相近热膨胀系数的纤维和基体，以减小两者之间的不匹配性。此外，采用表面处理技术或添加界面增强剂，以提高碳纤维与聚合物基体之间的结合力，减缓热膨胀不匹

配引起的问题。在工艺方面，需要优化制备过程，确保在高温条件下材料的均匀性和一致性。控制固化温度、时间等参数，以避免过快或不均匀的固化过程引发的问题。此外，采用预应力技术也是一种减缓热膨胀不匹配影响的手段，通过在界面施加预应力来减小热膨胀引起的剪切力。解决碳纤维复合材料界面热膨胀不匹配的问题需要在材料设计和制备工艺方面进行综合考虑。通过细致的设计和合理的工艺控制，可以有效减小高温下热膨胀不匹配引起的问题，提高复合材料在高温环境下的稳定性和性能。

## （三）界面老化问题

在复合材料的长期使用中，界面老化问题是一个可能影响材料性能的重要方面。界面老化通常是由环境因素、紫外线辐射等外部条件引起的，这会导致复合材料界面的结构和性质发生变化，进而影响材料的整体性能。界面老化可能导致复合材料黏附性能的下降。在材料的界面，黏附力是维持碳纤维和聚合物基体结合的关键因素之一。然而，随着时间的推移，环境中的化学物质、氧化、湿气等因素可能导致界面的黏附性能降低。这种黏附性能的下降可能导致碳纤维与基体之间的松动，进而影响整个复合材料的强度和韧性。界面老化还可能引起裂纹的产生。由于界面黏附性能下降，界面附近的应力集中可能导致裂纹的形成。这些裂纹不仅可能在界面附近出现，还可能扩展到材料的深层，影响材料的整体结构强度。裂纹的存在可能会加速材料的疲劳过程，降低其使用寿命。为了解决界面老化问题，可以采取一系列的措施。通过合理的材料选择和设计，选择具有较好抗老化性能的材料组合。采用表面处理技术，如添加抗氧化剂、紫外线吸收剂等，以增强界面的耐老化性能。此外，适当的材料保护和维护措施也是延长复合材料使用寿命的重要手段。

## （四）复合材料的加工难度

复合材料的加工难度是制备高性能碳纤维复合材料时面临的一项挑战，因为需要对材料界面进行精确的控制，包括碳纤维的分布、取向及表面处理等关键因素。这增加了制备过程的复杂性，对加工工艺提出了更高的要求。碳纤维的分布和取向对复合材料的性能至关重要。碳纤维的合理分布可以增加材料的强度和刚度，但不同的应用场景可能对分布和取向提出不同的要求。为了实现理想的性能，需要精确控制碳纤维在复合材料中的分布，确保其在关键区域的合适取向。表面处理对于提高碳纤维与基体之间的黏附性能至关重要。然而，在表面处理过程中需要考虑的因素较多，包括表面能的调控、功能性改性剂的选择等。合适的表面处理不仅需要精确控制，还需要在不损害碳纤维性能的前提下实现。加工过程中的复杂性还表现在制备工艺的多样性上。不同的加工方法，如手工层叠、注塑成形、压缩成形等，都对材料的最终性能产生影响。因此，制备高性能的碳纤维复合材料需要根据具体应用选择合适的加工工艺，并且在实际生产中进行精细调控。复合材料的加工难度主要体现在对碳纤维分布、取向和表面处理等关键因素的精确控制上。随着技术的不断进步，加工工艺的改进将进一步推动碳纤维复合材料在各个领域的广泛应用。

### （五）纳米级别的不均匀性

纳米级别的不均匀性是复合材料中面临的一项微观挑战，涉及碳纤维和聚合物基体之间可能存在的微观不均匀性，如微裂纹、界面的局部失效等。这些微观现象可能对复合材料的整体性能产生负面影响，成为复合材料研究和制备中需要解决的问题之一。在制备和使用过程中，碳纤维复合材料可能受到外部力学应力或热应力的影响，导致微观层面上的微裂纹形成。这些微裂纹可能在复合材料的界面或纤维内部产生，影响材料的强度和韧性。复合材料的性能很大程度上依赖于碳纤维和聚合物基体之间的黏附性能。然而，由于界面的微观结构和化学性质的复杂性，可能存在一些局部失效的区域，导致界面黏附性能的不均匀性。复合材料中的纳米级相分离是指在材料微观结构中可能出现的聚合物基体和碳纤维之间的相分离现象。这可能导致材料的机械性能和热性能的不均匀分布，影响整体性能的一致性。

## 二、碳纤维及其聚合物基复合材料界面性能面临的机遇

### （一）先进的界面工程

碳纤维及其聚合物基复合材料在界面性能面临着众多机遇，其中先进的界面工程成为开创新时代的重要方向。随着科技的迅速发展，先进的界面工程为碳纤维复合材料提供了全新的机遇，为其性能的优化和提升铺平了道路。表面处理技术的不断创新是先进界面工程的核心之一。通过采用等离子体处理、化学修饰等高级技术，可以在碳纤维表面引入特定的功能基团，改变其表面性质，从而增强与聚合物基体的黏附性。这种定向的表面改性为复合材料提供了更强的黏附力和界面耐久性，为广泛应用提供了坚实的基础。功能性添加剂的引入是实现先进界面工程的关键之一。通过添加具有特殊功能的纳米材料，如纳米颗粒、纳米管等，可以实现对碳纤维复合材料界面性能的调控。这些纳米级材料的引入不仅可以增强材料的力学性能，还能够改善导热性、抗磨性等性能，使得复合材料在多种复杂工况下表现出色。纳米技术的应用为碳纤维复合材料提供了更为微观的控制手段。通过纳米级材料的分散和组装，可以实现对界

面结构的精准设计，使其更加符合实际应用需求。这种微观层面的控制不仅有助于提高整体性能，还为复合材料的多功能性能设计提供了广阔的空间。整体而言，碳纤维及其聚合物基复合材料在界面性能上所面临的机遇源远流长。先进的界面工程为这一类材料注入了新的活力，为其在各个领域的广泛应用打开了大门。通过不断创新和深化对界面性能的理解，碳纤维复合材料将能够更好地满足社会对轻量、高强材料的需求，为科学技术的发展贡献力量。

### （二）纳米技术的应用

成为推动这一领域发展的关键因素。纳米技术的引入为改善碳纤维复合材料的界面性能提供了创新的途径，涉及了多个层面的控制和设计。纳米技术的应用在表面修饰方面具有显著的潜力。通过引入纳米级材料，如纳米颗粒、纳米管等，可以实现对碳纤维表面的精细改性。这不仅包括提高表面能、增强表面粗糙度等传统手段，更可以在纳米尺度上调控表面的化学性质，使其更适于与聚合物基体形成强而稳定的界面结构。纳米技术的应用对界面黏附性能的提升具有显著的助力。通过引入纳米填料，可以在界面区域形成更加紧密的结构，增强界面的机械连接和黏附力。这有助于减缓界面老化、提高抗剪切性能，从而增强整体材料的强度和耐久性。纳米技术还为界面的多功能性能设计提供了丰富的可能性。通过调控纳米级结构，可以实现对复合材料的导热性、电导率、光学性能等多个方面的优化。例如，在导电性能方面，纳米技术的应用可使碳纤维复合材料在导电方面表现出更卓越的特性，扩大其在电子器件、导电复合材料等领域的应用潜力。纳米技术对于碳纤维复合材料在高温、腐蚀等恶劣环境下的性能提升也具有显著作用。通过引入抗氧化、抗腐蚀的纳米材料，可以有效增强界面的稳定性，提高材料的抗高温和抗腐蚀性能。纳米技术的应用为碳纤维及其聚合物基复合材料的界面性能提供了广泛的发展机遇。通过精细的纳米级设计，碳纤维复合材料将更好地满足不同领域对于轻量、高强、多功能性能的需求，推动这一领域的技术创新和应用拓展。

### （三）先进成像技术的应用

碳纤维及其聚合物基复合材料的界面性能面临着重大的机遇，其中先进成像技术的应用为解决相关问题提供了强大的工具。先进成像技术的发展不仅提高了对材料微观结构的观测能力，还使得对界面性能进行更为深入的分析和优化成为可能。先进成像技术如扫描电子显微镜（SEM）、透射电子显微镜（TEM）等能够以高分辨率、高对比度的方式展示材料的微观结构，包括纤维表面特征、界面结合情况等。通过这些技术，可以直观地观察到碳纤维与聚合物基体之间的接触情况，为进一步改进界面设计提供直观的参考。先进的非破坏性成像技术，如热成像、声发射成像等，为界面性能的实时监测和评估提供了新途径。这些技术能够在材料受力、受热等外部刺激下，实时捕捉到材料内部的变化，揭示界面区域的响应和性能表现，有助于更全面地了解碳纤维复合材料在使用过程中的性能变化。先进的表征技术还包括原位测试技术，能够在模拟实际使用条件下对材料进行测试。例如，原位拉伸实验、原位热分析等技术能够模拟真实工作环境下的界面性能，为更贴近实际工程需求的设计提供实验支持。先进成像技术的发展也为人们提供了对碳纤维复合材料中纳米级结构和成分进行精准分析的手段。例如，原子力显微镜（AFM）、X 射线光电子能谱（XPS）等技术能够深入揭示界面化学成分和微观结构的特征，为精细调控碳纤维与聚合物基体之间相互作用提供有力支持。在碳纤维及其聚合物基复合材料的研究和制备过程中，充分利用先进成像技术将有助于深入理解和解决界面性能面临的挑战，为这类复合材料的性能提升和应用拓展创造更为广阔的前景。

# 第二节　新型界面改良技术

## 一、纳米材料改性

纳米材料改性是一种前沿的碳纤维及其聚合物基复合材料界面改良技术，通过引入纳米级材料，如纳米颗粒、纳米管、纳米片等，以精密地调控界面结构，实现对复合材料性能的精准提升。在这一技术中，纳米材料的引入旨在利用其独特的物理、化学性质，以改良碳纤维与聚合物基体之间的界面性能。纳米颗粒的高比表面积和特殊表面能使其在界面区域形成有效的加强效应。纳米材料的引入可以调控复合材料的导热性、力学性能、耐磨性等关键性能。在导热性能方面，纳米颗粒的高导热性质有助于形成高效的导热通道，提高整体复合材料的导热性能。这对于一些需要在高温环境下工作的应用，如航空航天领域的发动机零部件，具有重要的意义。在机械性能方面，纳米材料的引入可以增强碳纤维与聚合物基体之间的黏附力，提高界面的强度和韧性。这有助于防止裂纹的扩展，提高复合材料的抗拉强度和抗冲击性能。纳米材料的改性还能够改善复合材料的耐磨性。通过在碳纤维表面引入纳米颗粒，可以形成更加坚硬和耐磨的表面层，提高复合材料在摩擦条件下的性能，延长使用寿命。纳米材料改性技术为碳纤维及其聚合物基复合材料开辟了新的发展方向。通过精确调控纳米级结构，实现对界面性能的精细调控，为复合材料在航空航天、汽车、体育休闲等领域的广泛应用提供了强有力的支持。这一技术的不断创新和发展将推动复合材料在各个应用领域取得更为卓越的性能表现。

## 二、功能性界面涂层

纳米材料改性是一种前沿的碳纤维及其聚合物基复合材料界面改良技术，通过引入纳米级材料，如纳米颗粒、纳米管、纳米片等，以精密地调控界面结构，实现对复合材料性能的精准提升。在这一技术中，纳米材料的引入旨在利用其独特的物理、化学性质，以改良碳纤维与聚合物基体之间的界面性能。纳米颗粒的高比表面积和特殊表面能使其在界面区域形成有效的加强效应。纳米材料的引入可以调控复合材料的导热性、力学性能、耐磨性等关键性能。在导热性能方面，纳米颗粒的高导热性质有助于形成高效的导热通道，提高整体复合材料的导热性能。这对于一些需要在高温环境下工作的应用，如航空航天领域的发动机零部件，具有重要的意义。在机械性能方面，纳米材料的引入可以增强碳纤维与聚合物基体之间的黏附力，提高界面的强度和韧性。这有助于防止裂纹的扩展，提高复合材料的抗拉强度和抗冲击性能。纳米材料的改性还能够改善复合材料的耐磨性。通过在碳纤维表面引入纳米颗粒，可以形成更加坚硬和耐磨的表面层，提高复合材料在摩擦条件下的性能，延长使用寿命。纳米材料改性技术为碳纤维及其聚合物基复合材料开辟了新的发展方向。通过精确调控纳米级结构，实现对界面性能的精细调控，为复合材料在航空航天、汽车、体育休闲等领域的广泛应用提供了强有力的支持。这一技术的不断创新和发展将推动复合材料在各个应用领域取得更为卓越的性能表现。

## 三、界面活性剂引入

界面活性剂引入是一种新型的碳纤维及其聚合物基复合材料界面改良技术，通过引入具有界面活性的化合物，调控界面的性质，从而提升复合材料的性能和适应性。界面活性剂引入能够加强碳纤维与聚合物基体之间的黏附力。这是通过界面活性剂分子在碳纤维表面形成吸附层，增加黏附面积，改善界面黏附性，从而提高整体复合材料的强度和耐久性。界面活性剂的引入可调控界面的表面能，使其更适应不同工作环境的需求。通过选择适当的界面活性剂，可以实现界面的亲水性或疏水性调节，提高复合材料在潮湿或极端干燥环境下的适应性。碳纤维往往在聚合物基体中分散均匀度影响复合材料的性能。界面活性剂的引入有助于改善碳纤维在聚合物中的分散性，防止纤维团聚，提高材料的强度和韧性。一些界面活性剂具有较好的导热性能，引入这些界面活性剂可以优化复合材料的导热性能，提高其在高温工作环境下的稳定性。部分界面活性剂具有抗腐蚀性，引入这些活性剂能够提高复合材料在腐蚀性环境中的耐久性，延长材料的使用寿命。通过选择具有特殊功能性的界面活性剂，如阻燃、自修复等，可以为复合材料引入额外的功能性，提高其在特殊应用领域的适应性。界面活性剂引入技术为碳纤维及其聚合物基复合材料的界面设计提供了一种有效的途径，通过对界面性质的有针对性的调节，实现了对复合材料性能的全方位优化。这一技术的不断发展将为复合材料的广泛应用和进一步改进提供强大的支持。

## 四、功能性聚合物包覆

功能性聚合物包覆是一种新型的碳纤维及其聚合物基复合材料界面改良技术，通过在碳纤维表面引入具有特殊功能性的聚合物层，实现对界面性能的有针对性调控，从而提升复合材料的性能和适应性。功能性聚合物包覆可以形成均匀且有机的包覆层，增加碳纤维表面与聚合物基体之间的接触面积，提高界面的黏附性。这有助于增强复合材料的整体强度和耐久性。选择不同功能性聚合物进行包覆，可以调控界面的表面能量，使其更好地适应不同工作环境的需求。这有助于提高复合材料在不同温湿度条件下的性能稳定性。功能性聚合物包覆层的引入有助于改善碳纤维在聚合物基体中的分散性，防止纤维的团聚和聚集，提高复合材料的均匀性和稳定性。部分功能性聚合物具有较好的导热性能，引入这些聚合物进行包覆可以优化复合材料的导热性能，提高其在高温工作环境下的稳定性。通过选择具有特殊功能性的功能性聚合物，如阻燃、自修复等，可以为复合材料引入额外的功能性，提高其在特殊应用领域的适应性。一些功能性聚合物具有抗腐蚀性，引入这些聚合物包覆层能够提高复合材料在腐蚀性环境中的耐久性，延长材料的使用寿命。功能性聚合物包覆技术为碳纤维及其聚合物基复合材料的界面设计提供了一种灵活、可控的改良途径。通过在碳纤维表面引入特定功能的聚合物，实现对界面性能的精准调控，使得复合材料在各种应用领域都能够发挥出更为优越的性能。

## 五、自愈合技术

自愈合技术是一种创新的碳纤维及其聚合物基复合材料界面改良技术，通过引入具有自修复功能的材料元素，实现对材料界面缺陷和损伤的主动修复，提高了复合材料的耐久性和寿命。自愈合技术的核心在于引入具有自修复能力的成分，例如微胶囊、聚合物浸渍、化学反应物等。当复合材料发生微小损伤时，这些自愈合成分会被释放或启动，填充并修复材料的缺陷，防止裂纹的扩展。在界面设计中，微胶囊自愈合技术是常见的一种方法。微胶囊中包含有修复剂和催化剂，当发生损伤时，微胶囊破裂释放修复剂，与催化剂反应形成自愈合材料，填充裂缝，实现自主修复。引入可自愈合化学反应体系，通过在材料中引入可逆反应，使材料在受损后可以通过化学反应重新连接，恢复原有的力学性能。在复合材料中引入具有自愈合性能的聚合物浸渍，使其在受损时能够自动填充损伤部位，达到自愈合的效果。自愈合技术的引入可以有效减缓材料的老化过程，提高其在复杂工作环境中的耐久性，延长使用寿命。自愈合技术不仅适用于碳纤维与聚合物基复合材料的界面，还可以应用于材料的其他部位，如体积填充、表面涂层等，提升整体材料的自修复性能。自愈合技术的引入为碳纤维及其聚合物基复合材料的应用提供了一种创新的思路，使得材料在使用过程中具备了更好的自我修复能力。这一技术的不断发展和改进将为复合材料在各个领域的应用提供更为可靠和持久的解决方案。

## 六、表面修饰技术

表面修饰技术是一种关键的碳纤维及其聚合物基复合材料界面改良方法，采用等离子体聚合、溶液浸渍、溶胶–凝胶法等手段，旨在通过在碳纤维表面引入功能性基团，调控表面能，提高界面的亲和性和机械性能，从而优化整体复合材料的性能表现。该技术通过将碳纤维置于等离子体气氛中，使气体中的活性基团聚合在纤维表面，形成覆盖均匀的功能性薄膜。这有助于提高表面亲和性，增加界面的化学键合强度，从而增强界面的黏附性和耐久性。通过将碳纤维浸渍在含有功能性化合物的溶液中，使其吸附、吸收功能性基团，形成修饰层。这种方法简便易行，适用于不同形状和尺寸的碳纤维，同时可以实现对表面性能的有效调控。采用溶胶–凝胶法，可以在碳纤维表面形成均匀的薄膜，增强纤维与基体之间的相容性。这种方法可以通过调节溶胶的成分和浓度，实现对修饰层的微观结构和性能的精细控制。表面修饰的关键在于引入具有特定功能性的基团，如羟基、氨基等，这些基团可以与聚合物基体发生化学键合，增加界面的黏附力，提高整体材料的性能。表面修饰技术可以调控碳纤维表面的能级，改善其与不同基体材料的相容性，增加材料的耐热性、耐腐蚀性等性能。通过表面修饰，可以优化碳纤维与聚合物基体之间的机械性能，提高其抗拉强度、弯曲强度等指标，使得复合材料在实际应用中表现出更卓越的性能。表面修饰技术的广泛应用为碳纤维及其聚合物基复合材料的性能提升提供了有效手段，使得这些材料在航空航天、汽车工业、体育器材等多个领域都能够发挥更为优越的性能。

# 第三节　应用拓展与跨学科研究

## 一、航空航天与材料科学交叉应用

航空航天与材料科学的交叉应用是一门充满挑战和潜力的领域。这一交叉应用涉及发展和优化各种材料，以满足航空航天领域对轻量化、高强度、高温性能等多方面要求。航空航天工程一直以来都对材料提出了严格的要求，这是因为航天器必须在极端的环境条件下运行，包括高速飞行、极端温度、辐射等。因此，材料科学在航空航天工程中的应用至关重要。在航空航天领域，碳纤维及其聚合物基复合材料因其卓越的性能而备受青睐。碳纤维的轻质高强使得飞行器能够减轻自身重量，提高燃油效率，延长续航里程。与此同时，复合材料具有优异的耐热性能，能够抵抗高温和极端的热冲击，使其成为航天器外部热屏蔽系统的理想选择。在航空领域，飞机机身和机翼等关键部件的制造也越来越倚重先进的材料科学。碳纤维复合材料在这方面的应用可以减轻飞机整体重量，提高飞机的机动性和燃油效率。此外，碳纤维的高强度和高刚性使得飞机能够更好地应对飞行中的外部挑战，如气流湍流和空气动力学效应。材料科学在航空航天领域的应用还包括对发动机部件、航天器结构、热控制系统等关键系统的研发。例如，碳纤维复合材料在制造发动机叶片、导向板等高温部件时，能够提供出色的耐高温性能，抵御高速旋转和高温气流的冲击，从而提高了整个发动机的效率和可靠性。此外，航空航天领域对电磁性能和导电性能的要求也在不断提高。碳纤维复合材料的导电性能能够满足一些特殊应用的需求，如飞机雷达外壳、导电结构等，这进一步扩展了这一材料在航空航天中的应用领域。航空航天与材料科学的交叉应用推动了先进材料的研发和应用，为航空航天技术的不断进步提供了坚实的基础。碳纤维及其聚合物基复合材料作为这一领域的重要代表之一，不仅满足了对轻量化、高强度、高温性能的需求，同时也在航空航天器的设计和制造中发挥着越来越重要的作用。

## 二、生物医学工程与材料科学交叉应用

生物医学工程与材料科学的交叉应用是一门蓬勃发展且具有深远影响的领域。这一交叉应用结合了材料科学的先进材料制备技术和生物医学工程的需求，以推动医学和生物学的创新。生物医学工程旨在利用工程学原理和技术解决医学领域的问题，而

材料科学为其提供了丰富的工具和材料资源。在生物医学工程中，材料科学的应用广泛涉及医疗器械、生物传感器、组织工程、药物传递系统等方面。在医疗器械方面，先进的材料科学为制造各种医疗设备提供了可能。例如，生物相容性良好的材料，如生物降解聚合物和生物陶瓷，广泛应用于骨折治疗、植入式医疗器械等领域。这些材料能够与生物组织良好地相互作用，减少排斥反应，提高医疗器械的安全性和稳定性。生物传感器是在生物医学工程中的另一重要应用领域，用于检测和监测生物体内的生理和生化参数。材料科学的进展为生物传感器提供了高灵敏度、高选择性的传感材料，如纳米材料、生物分子识别材料等。这些材料能够实现对微量生物分子的高效检测，为疾病早期诊断和治疗提供了有力支持。药物传递系统是生物医学工程中又一重要的应用方向，通过材料载体将药物有选择性地传递到病灶部位。纳米材料、聚合物微球等载体材料的设计和应用使得药物能够更加精确地释放，减少副作用，提高治疗效果。生物医学工程与材料科学交叉应用的研究还涉及生物材料的表面改性、仿生材料的设计等方面。这些研究努力改进材料的性能，使其更好地适应生物体环境，提高医疗器械的生物相容性和可持续性。

## 三、电化学工程与材料科学交叉应用

电化学工程与材料科学的交叉应用在电化学能源存储、电化学传感、电解水制氢等方面取得了显著进展，为推动能源领域的发展和解决环境问题提供了新的途径。电化学工程是研究电荷和电流在化学反应中的转化关系的学科，而材料科学为电化学工程提供了丰富的电极材料、电解质和导电材料等。这两个领域的交叉应用为电化学能源存储提供了强大的支持。例如，锂离子电池、钠离子电池等电池技术的不断发展，离不开对电极材料的精密设计和优化，而材料科学的进步为其提供了丰富的材料选择，如高容量的金属氧化物、石墨烯等。在电化学传感方面，交叉应用将电化学技术与传感器设计相结合，实现对生物分子、环境污染物等的高灵敏检测。通过材料科学的引入，如纳米材料、功能性聚合物等，提高了传感器的灵敏度、选择性和稳定性，为环境监测、生物传感等领域的研究提供了有力工具。电解水制氢作为一种清洁能源技术，通过电解水将水分解成氢和氧气，但其效率和经济性直接关系到材料的性能。材料科学为电解水制氢提供了高效的电催化剂、电极材料等，如贵金属替代材料、多孔碳材料等。这些材料的设计和合成使电解水制氢更加经济、可持续，并推动着这一领域的不断创新。此外，电化学储能技术如超级电容器、锂硫电池等也得益于电化学工程与材料科学的交叉应用。通过设计高效的电极材料、电解质和导电添加剂，研究者们努力提高储能设备的能量密度、循环寿命和安全性。电化学工程与材料科学的交叉应用不仅限于上述领域，还涉及太阳能电池、燃料电池、超级电容器等众多能源转化与储存技术。材料的选择、设计和优化在这些技术中起着决定性的作用，影响着设备的性能和经济性。电化学工程与材料科学的交叉应用为能源领域带来了许多创新和突破。通过深入研究电化学过程中材料的行为和性能，科学家们能够更好地理解和控制电化学反应，为可再生能源、清洁能源的发展和应用提供了可行的解决方案。这一领域的研究将在未来推动新能源技术的发展，为实现可持续能源利用和环境友好型社会做出更多贡献。

## 本章小结

随着科技的不断进步和社会需求的提升，碳纤维及其聚合物基复合材料在各个领域的应用逐渐成为研究的焦点。然而，这一领域在不断前行的过程中面临着挑战和机遇，需要深入思考新的界面改良技术及更广泛的应用拓展与跨学科研究。碳纤维及其聚合物基复合材料的研究在不断探索新的应用领域的同时，也面临一系列挑战。其中，材料界面的性能问题是当前研究中的一大难题。黏附强度不足、热膨胀不匹配、界面老化等问题限制了复合材料的性能表现。然而，正是这些挑战催生了许多创新性的研究方向，为未来的发展打开了新的局面。在挑战之中看到了机遇。通过深入研究和解决这些挑战，不仅可以提升碳纤维复合材料的性能，也为整个材料领域的发展带来新的启示。在未来的研究中，加强对界面性能的精准控制、开发新型界面材料，将是攻克挑战、取得突破的关键。随着科技的不断进步，新型界面改良技术的研究和应用将是未来的重要方向。纳米技术的应用为界面工程提供了全新的思路，通过精确控制材料的纳米结构，可以实现对界面性能的精细调控。先进成像技术的应用使得研究者们能够更全面地了解界面的微观结构和行为，为界面改良提供更有力的支持。

# 参考文献


［1］何梅，吴姜炎，廖英强，等. 国产 T800S 级碳纤维表面特性对复合材料界面性能影响研究［J］. 合成材料老化与应用，2023，52（05）：4-6，10.

［2］范依澄，牟璇，王珂，等. 碳–铝橡胶透声窗结构透声及振声特性分析［J］. 舰船科学技术，2023，45（14）：26-32.

［3］张妍佳. 基于星型共聚物的碳纤维复合材料刚柔界面设计及性能研究［D］. 北京：北京化工大学，2021.

［4］陆媛媛，王丽丽，易勇，等. 纳米颗粒增强聚合物基复合材料的性能研究［J］. 武汉理工大学学报，2023，45（10）：42-54.

［5］谷雨. 碳纤维增强聚合物复合材料在航空航天领域的研究进展［J］. 冶金与材料，2023，43（07）：118-120.

［6］谢世红，高洁，宁来元，等. 碳纤维/聚合物复合材料热导率近十年研究进展［J/OL］. 复合材料学报，2024,41（2）：562-572［2023-11-30］. https://doi.org/10.13801/j.cnki.fhclxb.20230714.001.

［7］张月义. 高模量碳纤维表面微结构演变及其对树脂基复合材料界面改性机理研究［D］. 北京：北京化工大学，2023.

［8］李志科. 微纳米胶囊改性聚合物基复合材料摩擦磨损与防腐性能研究［D］. 大庆：东北石油大学，2023.

［9］康春祥，陈会芳，时国松. 聚合物基复合材料在土木工程中的应用［J］. 黑龙江科学，2023，14（06）：159-161.

［10］李美琪，李晓飞，王瑞涛，等. 碳纤维增强聚合物基复合材料界面特性研究进展［J］. 材料导报，2023，37（20）：229-240.

［11］叶秋婷，钱鑫，张雪辉，等. 基于碳纤维调控的聚合物基复合材料导热性能研究进展［J］. 合成纤维工业，2022，45（05）：61-68.

［12］柳晶敏，王建康，刘子畅. 聚合物基纳米复合材料的制备方法及其微孔材料导电性能的研究［J］. 塑料工业，2022，50（09）：126-131.

［13］韩雪飞. 聚合物基复合材料热解产物内压及影响研究［D］. 天津：中国民航大

学，2022.
［14］胡侨乐，端玉芳，刘志，等. 碳纤维增强聚合物基复合材料回收再利用现状［J］. 复合材料学报，2022，39（01）：64-76.
［15］张世雄. 高模碳纤维树脂基复合材料界面力学性能及模拟仿真研究［D］. 廊坊：北华航天工业学院，2022.
［16］徐乾倬. 碳纤维树脂基复合材料 RTM 制备及其抗高温性能［D］. 沈阳：沈阳理工大学，2021.
［17］李伟智. 碳纤维增强聚合物复合材料的微观力学行为与失效机制［D］. 长春：吉林大学，2022.
［18］罗海强，余传柏，高朋，等. 无机纳米材料协同增强聚合物基复合材料的研究进展［J］. 化工新型材料，2020，48（05）：32-36.
［19］苏畅. 聚合物基复合材料的摩擦学性能研究及其数值模拟［D］. 大庆：东北石油大学，2019.
［20］董旭林. 聚合物衍生的碳纳米复合材料修饰碳纤维微电极在电化学生物传感中的应用［D］. 武汉：华中科技大学，2019.